江苏省高等学校重点教材（编号：2021-2-105）

面向新工科普通高等教育系列教材

数字逻辑与数字系统设计实验教程

袁小平　编著

机械工业出版社

本书以目前常用的主流数字电子技术教学内容为主线，编写了 4 章共 16 个实验和 8 个课题设计。第 1 章介绍了数字电路实验的基础知识，第 2 章设计了数字电路的基础实验和综合性实验。第 3 章从实验教学内容要及时跟踪现代电子技术的发展状况出发，引入了电子设计自动化（EDA）技术和 FPGA 技术，安排了基于 EDA 的数字电路设计与仿真实验。第 4 章从数字电子技术课程设计出发，设计了研究型实验课题，并提出了课程设计的参考选题。此外，从实验教材知识的完整性考虑，在附录 A 和附录 B 中分别介绍了两种 EDA 软件的使用方法；附录 C 介绍了 Verilog HDL 的使用；附录 D 介绍了自行研发的 FB-EDU-DYD-A 型数字电子技术实验平台；附录 E 介绍部分常用数字集成电路及其引脚分布。

本书简明易懂，可操作性强，可作为电气信息类、计算机类、自动化类、电气类等专业本科生的数字电子技术实验、EDA 实训课题等实践教学的教材，也可作为从事电子技术开发的工程人员以及广大爱好者的参考书。

图书在版编目（CIP）数据

数字逻辑与数字系统设计实验教程/袁小平编著．—北京：机械工业出版社，2021.12（2025.1 重印）
面向新工科普通高等教育系列教材
ISBN 978-7-111-69988-0

Ⅰ．①数…　Ⅱ．①袁…　Ⅲ．①数字电路-电子技术-实验-高等学校-教材
Ⅳ．①TN79-33

中国版本图书馆 CIP 数据核字（2022）第 007381 号

机械工业出版社（北京市百万庄大街 22 号　邮政编码 100037）
策划编辑：秦　菲　　责任编辑：秦　菲
责任校对：张艳霞　　责任印制：单爱军
北京虎彩文化传播有限公司印刷
2025 年 1 月第 1 版·第 4 次印刷
184mm×260mm · 11.5 印张 · 279 千字
标准书号：ISBN 978-7-111-69988-0
定价：49.00 元

电话服务　　　　　　　　　　　　网络服务
客服电话：010-88361066　　　　　机 工 官 网：www.cmpbook.com
　　　　　010-88379833　　　　　机 工 官 博：weibo.com/cmp1952
　　　　　010-68326294　　　　　金 书 网：www.golden-book.com
封底无防伪标均为盗版　　　　机工教育服务网：www.cmpedu.com

前　言

"数字逻辑与数字系统设计实验"是独立设课、单独考试的实验课程，具有较强的实践性。该课程的目标是让学生通过实验来巩固和加深对数字逻辑与数字系统理论知识的理解，掌握基于中小规模数字集成电路进行数字电路设计的方法，掌握基于 FPGA 进行数字系统设计的方法，掌握基于 Verilog HDL 进行数字系统设计的方法、步骤。培养学生独立分析问题、解决问题，以及创新实践的能力，培养严谨认真的科学作风。

党的二十大报告指出：教育、科技、人才是全面建设社会主义现代化国家的基础性、战略性支撑。我们要坚持教育优先发展、科技自立自强、人才引领驱动，加快建设教育强国、科技强国、人才强国。

编者在总结十多年实验教学改革和实践经验的基础上，从"知识、能力、素质"三位一体的人才培养体系出发，以能力培养为主线，分层次开展实验教学，建立了一套"虚实结合""软硬兼施"的系统化实验教学体系。体系内容与理论教学有机衔接，互相渗透，相辅相成，体现现代电子技术的最新成果与未来发展方向，具有一定的先进性与前瞻性。

为满足不同专业、不同层次的实验教学要求，编者根据"数字逻辑与数字系统设计实验"课程的基本要求，编写了新的实验教学大纲及《数字电子技术实验教程》。在实验教程中，实验内容分三个层次：基础型实验、综合设计型实验及创新研究型实验。每个实验基本包括设计举例、要求学生完成的实验任务等环节。

本书在编写过程中，本着由浅入深、由易到难、循序渐进、通俗易懂的原则，力求突出应用。努力贯彻少而精和理论联系实际的精神，做到基本设计思路清晰，以适应不同层次学生自学及独立进行实验的要求。

由于编者水平有限，书中疏漏与不妥之处在所难免，恳请广大同行和读者指正。

编　者

目　　录

绪　　论

  数字电子技术是一门基础技术课程，其应用性很强，是计算机类、机电类、电气信息类等专业的必修课。随着电子科学技术的飞速发展，电子计算机和集成电路的广泛应用，以及信息技术的发展对科学技术、国民经济和国防各领域日益深入的影响和渗透，数字电子技术的知识、理论和方法在相关专业的地位越来越重要。为了适应电子科学技术的发展和不同专业的需求，多年来我们对电子技术的教学内容和课程体系设置不断地进行改革实践，尤其是近年来逐步采用 EDA 技术辅助教学，使得本课程的教学内容始终密切结合国内外最新的科技进展，已初步形成具有自身特色的教学体系，取得了良好的教学效果。

  20 世纪 90 年代以来，电子技术、IC 技术的发展日新月异，对数字电子技术课程的教学内容提出了更高的要求。为适应科学技术的发展以及社会对人才培养的要求，我们对数字电子技术课程的教学大纲进行了修订，对教学内容进行了调整和充实，精简分立器件内容，增加集成电路内容，教学重点也从逻辑电路分析转向面对问题的逻辑电路设计。为加强对学生实践能力、创新能力的培养，开设了设计性实验和课程设计，促进了学生实际动手能力和分析、设计能力的培养。学生先通过理论课程的学习和实验课程的实践，掌握数字电子技术基础知识和基本技能，再通过相应的课程设计将理论用于实践并与设计融为一体，从而在课程设计中既能提高运用所学知识进行设计的能力，又能体会到理论设计与实际实现中的距离，锻炼自己分析问题、解决问题的能力。

  进入新世纪后，面对 EDA 技术、大规模集成电路，特别是可编程器件的高速发展和新世纪对高等教育培养高素质人才的需要，课程组在传统数字电子技术课程内容的基础上增加了复杂可编程逻辑器件和硬件描述语言，使学生掌握更系统、更先进的电子技术知识与设计方法。与此同时，加强现代化教学方法和手段，采用 EDA 技术实现"虚实结合""软硬兼施"的系统化实验教学体系。对实验课程的内容进行了重新设计、调整和规划，重视实验课程在学生学习中的地位和作用，突出先进性、前瞻性、层次性和创新性。

  通过以上措施，中国矿业大学信息与控制工程学院数字电子技术系列课程在内容体系、实验教学改革、现代化教学方法和手段运用等方面，取得了不俗的成绩，形成了由中小规模集成电路、复杂可编程逻辑器件、EDA 技术、HDL 应用于数字系统设计等模块组成的数字电子技术课程体系。

  该课程从内容上分为理论教学和实践教学两大块。理论教学首先介绍数字系统的组成、数字信号的特点、各种数字电路在系统中的作用等；在内容上，按先基本逻辑电路后逻辑部件、先单元电路后系统电路、先数字电路后脉冲电路的顺序编排；具体内容包括逻辑代数、门电路、组合逻辑电路、触发器、时序逻辑电路、脉冲的产生和整形、模/数和数/模转换电路、半导体存储器、可编程逻辑器件、系统应用举例等。数字电路部分以基本概念和基本应用为主，着重于外部逻辑功能的描述和分析，强调外特性和重要参数，不讲内部电路。这样组织内容的目的是用较少的时间让学生掌握更多数字电路的概念和分析方法。在讲授时各部分内容均从基本概念入手，通过介绍数字电子技术的基本电路、分析方法、设计方法，以及对具体实际系统加以总结和归纳，以培养学生分析问题、解决问题的能力。

数字电子技术课程内容多、发展快，为了使学生在有限的学时内，将该课程学好、学扎实，要求教师在教学中既要抓住该课程的基本理论、基本方法、基本技术指标，同时还要根据各专业方向的不同，有效组织课程教学内容。对于电类专业，在教学时，应注重对基本理论、基本电路的分析与设计；注重对数字集成电路的分析、可编程器件的设计等。在介绍应用时，其侧重点也不同，教师讲课内容从原来偏重于基本电路的原理分析，更多地转向基本电路的组成原则、电路结构的构思方法以及系统结构的应用等方面。实验教学包括验证型实验和设计型实验，逐步增加综合型、创新研究型实验的教学内容。

实践教学是数字电子技术课程的重要教学环节，也是学生展示聪明才智的舞台。为了使实践教学更有效地发挥作用，我们将实验课教学内容分为基本验证型实验、综合型实验、设计型实验、创新研究型实验。

"基本验证型实验"训练学生常用电子仪器的使用方法和数字电路的基本测试方法，要求学生掌握 EDA 软件的基本使用方法，其所涉及的内容与课堂教学内容紧密相关，充分体现课程的实践性。

"综合型实验"是指实验内容涉及课程综合知识或课程相关课程知识点的实验。该类实验的目的在于通过实验内容、实验方法、实验手段的综合，牢固掌握课程及相关课程的综合知识，培养学生综合处理问题的能力，实现能力和素质的综合培养与提高。

"设计型实验"是指实验指导教师根据教学需要提出实验目的和实验要求，并给出实验室所能够提供的实验仪器设备、器件等实验条件，由学生运用已掌握的基本知识、基本原理和实验技能，自行设计实验方案、拟定实验步骤、选定仪器设备（或器件、材料等）、独立完成操作、记录实验数据、绘制图表、分析实验结果等。该类实验的目的在于培养学生综合处理问题和综合设计的能力，激发学生的主动性和开拓创新意识。实验过程应充分发挥学生的主观能动性，引导学生独立思考，独立完成实验的全过程。我们将其与数字电子技术课程设计结合在一起，并采用较为先进的 EDA 技术，使实验更加接近工程实际。在设计实验中特别鼓励学生自拟实验项目，将课外科技活动、电子制作大赛纳入教学活动中来，课内外学习相互结合，课堂教学与实践教学相融合，以开阔学生的视野、增强学生的应用能力。

"创新研究型实验"是指在指导教师的指导下，学生根据导师的研究领域或本人的学科方向，针对某个或某些选定的研究目标所进行的具有研究探索性质的实验。该类实验的目的是在深化学生综合设计能力的基础上，培养学生开拓创新性思维和研究创新的能力。

有效组织教学内容有利于培养学生的实践能力和创新能力。学生通过课堂学习获得了基本知识后，通过实验课进行电路设计和仿真，再经过课程设计，使学生初步掌握现代数字电路和系统的设计方法和实现方法。

第1章 数字电路实验基础知识

随着科学技术的发展，数字电子技术在各个科学领域中都得到了广泛的应用，它是一门实践性很强的技术基础课，学生在学习中不仅要掌握基本原理和基本方法，而且要灵活应用所学知识解决较为复杂的工程问题。因此，学生需要完成一定数量的实验，"量变引起质变"，才能掌握这门课程的基本内容，熟悉各单元电路的工作原理，掌握各集成器件的逻辑功能和使用方法，掌握利用 EDA 技术和 FPGA 技术进行数字系统设计的方法，掌握数字系统的电路调试过程和调试技巧，从而有效地培养学生理论联系实际和解决实际问题的能力，树立科学严谨的工作作风和精益求精的"工匠精神"。

1.1 实验的基本过程

实验的基本过程应包括：确定实验内容、选定最佳的实验方法和实验线路、拟出较好的实验步骤、合理选择仪器设备和元器件、进行连接安装和调试、写出完整的实验报告。

在进行数字电路实验时，应该充分掌握和正确利用集成器件及其构成的数字电路独有的特点和规律，从而收到事半功倍的效果。要想顺利完成每一个实验，应注重实验预习、实验记录和实验报告等环节。

1. 实验预习

认真预习是做好实验的关键。预习好坏，不仅关系到实验能否顺利进行，而且还会直接影响实验效果。预习应按本教材的实验预习要求进行，在每次实验前首先要认真复习有关实验的基本原理，掌握有关器件使用方法，对如何着手实验做到心中有数，通过预习还应做好实验前的准备，写出一份实验预习报告。预习报告不同于正式实验报告，没有统一的要求，但是对实验的组织实施有着特殊的指导作用，是实验操作的主要依据。一般应该以能看懂为基本要求，尽量简洁、清晰，便于指导教师审阅和实验者自己纠正错误。其内容主要包括：

1）根据具体任务设计出实验电路图，该图应该是逻辑图和连线图的混合，既能方便连线，又能反映电路工作原理，并在图上标出器件型号、使用的引脚号及元件数值，必要时还可以辅以文字说明。

2）拟定具体的实验方法和步骤，预计实验过程中存在的问题及其解决办法。

3）拟好记录实验数据的表格和波形坐标等。

4）列出实验所用元器件清单。

2. 实验记录

实验记录是实验过程中获得的第一手资料。测试过程中所测试的数据和波形应该和理论基本一致，所有记录必须清楚、合理、正确，如果实验数据不正确，则要在现场及时重复测试，分析查找错误原因。实验记录应包括如下内容。

1）实验任务、名称及内容。

2）实验数据和波形以及实验中出现的现象，从记录中应能初步判断实验的正确性。

3）记录波形时，应注意输入、输出波形的时间相位关系，在坐标图中上下波形要对齐。

4）实验中实际使用的仪器型号和编号以及元器件的使用情况。

3．实验报告

实验报告是培养学生对科学实验的总结能力和分析思维能力的有效手段，也是一项重要的基本功训练，它能很好地巩固实验成果，加深对基本理论的认识和理解，从而进一步扩大知识面。

实验报告是一份技术总结，要求文字简洁、内容清楚、图表工整。报告内容应包括实验目的、实验使用仪器和元器件、实验内容、实验结果以及分析讨论等，其中实验内容和实验结果是报告的主要部分，它应包括实际完成的全部实验，并且要按实验任务逐个撰写，每个实验任务应有如下内容。

1）实验课题的方框图、逻辑图（或测试电路）、状态图、真值表以及文字说明等，对于设计性课题，还应有整个设计过程和关键的设计技巧说明。

2）实验记录和经过整理的数据、表格、曲线和波形图，其中表格、曲线和波形图应充分利用专用实验报告的简易坐标格，并且利用三角板、曲线板等工具描绘，力求画得准确，不得随手示意画出。

3）实验结果分析、讨论及结论，对讨论的范围没有严格要求，一般应对重要的实验现象、结论加以分析和讨论，以便进一步加深理解。此外，还要包括对实验中异常现象的简要分析、实验中的收获及心得体会。

1.2　实验操作规范和常见实验故障检查方法

实验中操作的正确与否对实验结果影响很大。因此，实验者需要注意按以下规程进行。

1）组建实验电路前，应对仪器设备进行必要的检查校准，对所用集成电路进行功能测试，确保实验设备和器件的完好。

2）组建实验电路时，应遵循正确的布线原则和操作步骤，按照实验前先接线后通电，实验完成后先断电再拆线的步骤。

3）掌握科学的调试方法，有效地分析并检查故障，以确保电路工作稳定可靠。

4）仔细观察实验现象，完整准确地记录实验数据，并与理论值进行比较，分析实验结果。

5）实验完毕，经指导教师同意后，方可关断电源拆除连线，整理好实验箱和实验工作台，摆放整洁。

布线原则和故障检查是确保实验操作正确与否的重要问题。

1．布线原则

布线应便于检查、排除故障和更换器件。在数字电路实验中，由错误布线引起的故障，通常占很大比例。布线错误不仅会引起电路故障，严重时甚至会损坏器件，造成电源短路，因此，实验者务必注意布线的合理性和科学性，正确的布线原则大致有以下几点。

1）当接插集成电路芯片时，先校准两排引脚，使之与实验底板上的插孔对应，轻轻用力将芯片插上，然后在确定引脚与插孔完全吻合后，再稍用力将其插紧，以免造成集成电路的引脚弯曲、折断或者接触不良等。

2）禁止将集成电路芯片方向插反，通常集成电路芯片的方向是缺口（或标记）朝左，引脚序号从左下方的第一个引脚开始，按逆时针方向依次递增至左上方的第一个引脚。

3）选择粗细适当的导线，一般选取直径为 0.6～0.8mm 的单股导线，最好采用各种色线以区别不同用途，如电源线用红色、地线用黑色等。

4）有秩序地进行布线，随意乱接容易造成漏接错接，较好的方法是先接好固定电平点，如电源线、地线、门电路闲置输入端、触发器异步置位复位端等，其次，按照信号源的顺序从输入到输出依次布线。

5）连线应尽量避免过长，避免从集成器件上方跨接，避免过多的重叠交错，确保顺利进行布线、更换元器件以及故障检查和排除等。

6）当实验电路的规模较大时，应注意集成元器件的合理布局，以便得到最佳布线。

特别注意：布线和调试工作往往需要交替进行，不能贸然分开。对需要元器件很多的大型实验电路，可将总电路按其功能划分为若干相对独立的部分，逐个布线、调试，然后将各部分连接起来统一调试。

2．故障检查

实验中，如果电路设计正确，却不能实现预定的逻辑功能时，表明实验电路有故障。产生故障的原因大致可以归纳为以下四个方面。

1）操作不当（如布线错误等）。

2）设计存在缺陷（如电路出现险象等）。

3）元器件使用不当或功能不正常。

4）仪器（主要指数字电路实验箱）和集成器件本身出现故障。

因此，上述四点应作为检查故障的主要线索，以下介绍几种常见的故障检查方法。

（1）查线法

在实验中，大部分故障都是由于布线错误引起的，因此，在故障发生时，复查电路连线是排除故障的有效方法。特别注意：有无漏线、错线，导线与插孔接触是否可靠，集成电路是否插牢或插反等。

（2）观察法

用万用表直接测量各集成块的 V_{CC} 端是否加上电源电压；输入信号、时钟脉冲等是否加到实验电路上，观察输出端有无反应。重复测试观察故障现象，然后对某一故障状态，用万用表测试各输入/输出端的直流电平，从而判断出是否是插座板、集成块引脚连接线等原因造成的故障。

（3）信号注入法

在电路的每一级输入端加上特定信号，观察该级输出响应，从而确定该级是否有故障，必要时可以切断周围连线，避免相互影响。

（4）信号寻迹法

在电路的输入端加上特定信号，按照信号流向逐级检查是否有输出信号及其是否正确，必要时可多次输入不同信号。

（5）替换法

对于多输入端器件，如有多余输入端则可调换其他输入端试用。必要时可更换器件，以检查器件功能不正常所引起的故障。

（6）动态逐线跟踪检查法

对于时序电路，可输入时钟信号，按信号流向依次检查各级波形，直到找出故障点为止。

（7）断开反馈线检查法

对于含有反馈线的闭合电路，应该设法断开反馈线进行检查。

以上检查故障的方法，是指在仪器工作正常的前提下进行的，如果实验时电路功能测不出来，则应首先检查供电情况，若电源电压已加上，便可把有关输出端直接接到 0-1 显示器（LED 发光二极管）上检查，若逻辑开关无输出，或单次 CP 无输出，则是开关接触不好，或者是内部电路坏了，或者是集成器件坏了。

特别注意：实践经验对于故障检查是大有帮助的，但只要实验前充分预习，掌握基本理论和实验原理，就不难用逻辑思维的方法较好地判断和排除实验过程中的故障。

1.3　实验要求

1．实验前的要求

1）认真阅读实验指导书，明确实验目的要求，理解实验原理，熟悉实验电路及集成芯片，拟出实验方法和步骤，设计实验数据记录表格。

2）完成实验指导书中有关预习的相关内容。

3）初步估算或分析实验中的各项参数和波形，写出预习报告。

4）对实验内容应提前设计并使用 EDA 软件仿真验证，将有关数据写入预习报告中，设计电路应在实验前一天交给老师，以准备相应的器件。

2．实验中的要求

1）参加实验者要自觉遵守实验室规则。

2）严禁带电接线、拆线或改接线路。

3）根据实验内容，准备好实验所需的仪器设备和装置并安放适当。按实验方案，选择合适的集成芯片，连接实验电路和测试电路。

4）要认真记录实验条件和所得各项数据、波形。发生小故障时，应独立思考，耐心排除，并记下排除故障的过程和方法。若实验过程不顺利，也不要急躁，要沉着冷静，常常可以从分析故障中提高独立工作的能力。

5）发生焦味、冒烟故障，应立即切断电源，保护现场，并报告指导老师和实验室工作人员，等待处理。

6）仪器设备不准随意搬动调换。非本次实验所用的仪器设备，未经老师允许不得动用。若损坏仪器设备，必须立即报告老师，做书面检查，责任事故要酌情赔偿。实验完成后，应让指导老师检查并签字，经老师同意后方可拆除线路，清理现场。

7）实验要严肃认真，要保持安静、整洁的实验环境。

3．实验后的要求

实验后要求学生认真写好实验报告（含预习内容）。

（1）实验报告（含预习内容）的内容

1）实验目的：指出实验的教学目标。

2）列出实验的环境条件，使用的主要仪器设备的名称编号，集成芯片的型号、规格、功能。

3）扼要记录实验操作步骤，认真整理和处理测试的数据，绘制实验电路图和测试的波形，并列出表格或用坐标纸画出曲线。特别注意：严禁实验数据造假。

4）对测试结果进行理论分析，得出简明扼要的结论。分析产生误差的原因，提出减少实验误差的措施。

5）记录产生故障情况，说明排除故障的过程和方法。

6）写出本次实验的心得体会，以及改进实验的建议。

（2）实验报告（含预习内容）要求

实验报告要文理通顺、书写简洁、符号标准、图表规范、讨论深入、结论简明。

1.4 数字集成电路封装

集成电路归属制造行业范畴，然而，我国的集成电路产业起步相对较晚，存在例如生产企业持续性创新能力较差、关键技术缺乏、高端芯片大都依靠从外国进口等问题，与全球领先水平对比有着较为显著的差距。

集成电路产业链包括设计、制造和封测，IP 为芯片设计的关键环节。芯片设计位于集成电路产业链上游，芯片设计的基础包括 EDA 和 IP。EDA 指电子设计自动化，是芯片设计的工具和辅助性软件。IP 则是在芯片设计中那些通过验证的、可重复使用的、具有特定功能的宏模块，可以移植到不同的半导体工艺中。

EDA 是芯片设计与生产的核心，从整个产业链来看，EDA 是芯片制造的最上游产业，是衔接集成电路设计、制造和封测的关键纽带，对行业生产效率、产品技术水平有重要影响。我国 EDA 市场增速高于全球，但国产化率却极低。近年我国持续出台关于集成电路行业的相关政策文件以及发展规划以刺激我国集成电路行业的快速发展，并将集成电路作为信息化规划中重要一环，政策的支持将大力促进集成电路产业茁壮成长。先后产生包括华为海思等设计企业、中芯国际等制造厂、长电科技等封装厂、华大九天的 EDA 软件，我们有理由相信，经过科技人员的努力一定能够克服困难，使我国在集成电路产业方面获得突破。

中、小规模数字集成电路中最常用的是 TTL 电路和 CMOS 电路。TTL 器件型号以 74（或 54）作前缀，称为 74/54 系列，如 74LS10、74F181、54586 等。中、小规模 CMOS 数字集成电路主要是 4XXX/45XX（X 代表 0～9 的数字）系列，高速 CMOS 电路 HC（74HC 系列），与 TTL 兼容的高速 CMOS 电路 HCT（74HCT 系列）。TTL 电路与 CMOS 电路各有优缺点，TTL 速度高，CMOS 电路功耗小、电源范围大、抗干扰能力强。由于 TTL 在世界范围内应用极广，在数字电路教学实验中，我们主要使用 TTL74 系列电路作为实验用器件，采用单一+5V 作为供电电源。

数字集成电路器件有多种封装形式。为了教学实验方便，实验中所用的 74 系列器件封装选用双列直插式。图 1-1 是双列直插封装（简称 DIP 封装）的正面示意图。双列直插封装有以下特点。

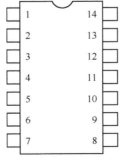

图 1-1　双列直插式封装图

1）从正面（上面）看，器件一端有一个半圆的缺口，这是正方向的标志。缺口左边的引脚号为 1，引脚号按逆时针方向增加。图 1-1 中的数字表示引脚号。双列直插封装的集成电路引脚数有 14、16、20、24、28 等若干种。

2）双列直插器件有两列引脚。引脚之间的间距是 2.54mm。两列引脚之间的距离有宽（15.24mm）、窄（7.62mm）两种。两列引脚之间的距离能够稍微改变，引脚间距不能改变。将器件插入实验台上的插座中去或者从插座中拔出时要特别小心，不能将器件引脚弄弯或折断。

3）74 系列器件一般左下角的最后一个引脚是 GND，右上角的引脚是 V_{CC}。例如，14 引脚器件的引脚 7 是 GND，引脚 14 是 V_{CC}；20 引脚器件的引脚 10 是 GND，引脚 20 是 V_{CC}。但也有一些例外，例如 16 引脚的双 JK 触发器 74LS76，引脚 13（不是引脚 8）是 GND，引脚 5（不是引脚 16）是 V_{CC}。所以使用集成电路器件时要先看清它的引脚图，明确 V_{CC} 和 GND 所对应的引脚，避免因接线错误造成器件损坏。

数字电路综合实验中，使用的复杂可编程逻辑器件 EPM7032 是 44 引脚的 PLCC（Plastic Leaded Chip Carrier）封装，图 1-2 是其封装正面图。器件上的小圆点指示引脚 1，引脚号按逆时针方向增加，引脚 2 在引脚 1 的左边，引脚 44 在引脚 1 的右边。EPM7032 有多个电源引脚号、地引脚号，插 PLCC 器件时，器件的左上角（缺角）要对准插座的左上角。PLCC 封装器件引脚较多，拔出时应更加小心，可以使用专门的起拔器，也可以使用镊子从对角缝隙轻轻拔出。

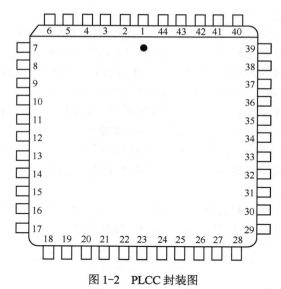

图 1-2　PLCC 封装图

特别注意：不能带电插、拔器件。插、拔器件只能在关断电源的情况下进行。

1.5　常见逻辑电路图的表示形式

针对在应用过程各个环节的不同要求，逻辑电路图通常有以下 3 种表示形式。

1. 原理图

原理图注重的是电路的组成部分及各部分间逻辑关系的原理性描述。因此图中的集成电路只用具有相应逻辑功能的逻辑符号代替，可不涉及具体器件的型号，更不涉及器件的引脚编号等，如图 1-3 所示。图 1-3 是同或门的原理图，此类电路图较多出现在教科书中。

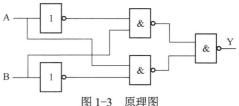

图 1-3　原理图

2．实验（电路）图

为了用物理器件实现逻辑功能，实验前必须选择电路器件的型号、规格，了解所用芯片的引脚排列，尤其对于封装有多个单元的复合集成电路（如 74LS00 与非门内有 4 个独立的与非门），必须指定用哪个单元及其在电路中的位置等。在原理图的基础上，进一步将器件型号、器件编号、集成电路的引脚编号、元件参数等标注出来而形成的电路图称之为实验图，如图 1-4 所示。图 1-4 是同或门的实验图，它可作为实验、产品开发调试、故障检修用图。

由图 1-4 可知，要实现图 1-2 电路的逻辑功能，可以采用 2 片集成电路。U1 为 74LS04（内有 6 反相器），用了第 2、3 单元，分别用 U1A、U1B 表示。U2 为 74LS00（内有 4 个与非门），用了第 1～3 单元，分别用 U2A、U2B、U2C 表示（也可用其他方式表示，只要能区分各个单元即可）。此外还需标注出芯片电源与接地引脚的编号，可以直接在器件上标注或统一用文字说明。

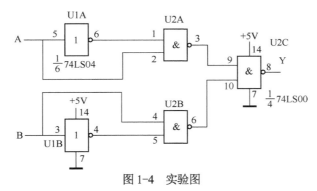

图 1-4　实验图

3．接线图

只反映器件间、引脚间连线关系的电路图称之为接线图，如图 1-5 所示。图 1-5 是反映图 1-4 实验图连接关系的接线图。用接线图连线非常方便，但由于接线图没有反映电路的逻辑关系，一旦电路出现故障，除了按图检查连线外，别无办法。如果电路复杂，涉及器件、连线较多，连线图绘制的工作量既大且易出错，所以实验中不采用接线图。接线图一般是对已安装好的电路（但不知连线关系）进行测绘而形成的电路图，所以常用于需要分析已有电路功能的场合。

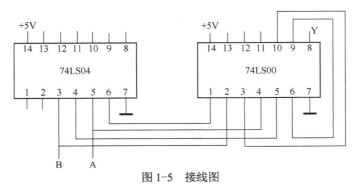

图 1-5　接线图

综上所述，实验图既能反映电路的逻辑关系，又能作为实验时接线的依据，综合了原理图与接线图的特点。一旦电路出现故障，实验者依据实验图，可以很方便地进行理论分析、故障排查、电路调试。因此电路实验、调试阶段采用的都是实验图。

1.6   数字集成电路的应用要点

1.6.1   数字集成电路使用中的注意事项

在使用集成电路时，为了充分发挥集成电路的应有性能，避免损坏器件必须注意以下问题。

1．认真仔细查阅使用器件的相关资料

首先要根据器件手册查出要使用的集成电路的资料，注意所使用器件的引脚排列图接线，按参数表给出的参数规范使用等。使用时不得超过器件的最大额定值（如电源电压、环境温度、输出电流等），否则会损坏器件。

2．注意电源电压的稳定性

通过电源稳压环节确保器件工作电源的质量，从而保证电路的稳定性。在电源的引线端并联大的滤波电容，以避免由于电源通断的瞬间而产生冲击电压。更注意不要将电源的极性接反，否则将会损坏器件。

3．采用合适的方法焊接集成电路

在需要弯曲器件引脚引线时，不要靠近器件引脚的根部弯曲。焊接器件引脚前不允许用刀刮去引线上的镀金层。焊接器件时所用的电烙铁功率不应超过 25W，焊接时间不应过长。焊接时最好选用中性焊剂。焊接后严禁将器件连同印制线路板放入有机溶液中浸泡。

4．注意设计工艺，提高抗干扰措施

在设计印刷线路板时，应避免器件引线过长，以防止窜扰和对信号传输延迟。要把电源线设计的宽些，地线要进行大面积接地，这样可减少接地噪声干扰。此外，由于电路在转换工作的瞬间会产生很大的尖峰电流，此电流峰值超过功耗电流几倍到几十倍，这会导致电源电压不稳定，产生干扰造成电路误动作。为了减小这类干扰，可以在集成电路的电源端与地端之间，并接高频特性好的去耦电容，一般在每片集成电路并接一个，电容的取值为 30pF～0.01F；此外在电源的进线处，还应对地并接一个低频去耦电容，最好用 10～50F 的钽电容。

1.6.2   TTL 集成电路使用应注意的问题

1．正确选择电源电压

TTL 集成电路的电源电压允许变化范围比较窄，一般为 4.5～5.5V。在使用 TTL 集成电路时更不能将电源与地接反，否则将会因为过大电流而造成器件损坏。

2．对输入端的处理

TTL 集成电路的各个输入端不能直接与高于+5.5V 和低于−0.5V 的低内阻电源连接。对多余的输入端最好不要悬空。虽然悬空相当于高电平，并不影响"与门、与非门"的逻辑关系，但悬空容易接受干扰，有时会造成电路的误动作。因此，多余输入端要根据实际需要做适当处理。例如"与门、与非门"的多余输入端可直接接到电源 V_{CC} 上；也可将不同的输入端共用一个电阻连接到 V_{CC} 上；或将多余的输入端并联使用。对于"或门、或非门"的多余输入端应直接接地。

特别注意：对于触发器等中规模集成电路来说，不使用的输入端不能悬空，应根据逻辑功能接入适当电平。

3．对于输出端的处理

除"三态门、集电极开路门"外，TTL 集成电路的输出端不允许并联使用。如果将几个"集电极开路门"电路的输出端并联，实现"线与"功能时，应在输出端与电源之间接入一个恰当的上拉电阻。

特别注意：集成门电路的输出更不允许与电源或地短路，否则可能造成器件损坏。

1.6.3　CMOS 集成电路使用应注意的问题

1．正确选择电源电压

由于 CMOS 集成电路的工作电源电压范围比较宽（CD4000B/4500B：3～18V），选择电源电压时首先考虑要避免超过极限电源电压。其次要注意电源电压的高低将影响电路的工作频率。降低电源电压会引起电路工作频率下降或增加传输延迟时间。例如 CMOS 触发器，当 V_{CC} 由+15V 下降到+3V 时，其最高频率将从 10MHz 下降到几十 kHz。

此外，提高电源电压可以提高 CMOS 门电路的噪声容限，从而提高电路系统的抗干扰能力。但电源电压选得越高，电路的功耗越大。不过由于 CMOS 电路的功耗较小，功耗问题不是主要考虑的设计指标。

2．防止 CMOS 电路出现可控硅效应的措施

当 CMOS 电路输入端施加的电压过高（大于电源电压）或过低（小于 0V），或者电源电压突然变化时，电源电流可能会迅速增大，烧坏器件，这种现象称为可控硅效应。预防可控硅效应的措施主要有：

1）输入端信号幅度不能大于 V_{CC} 和小于 0V。

2）要消除电源上的干扰。

3）在条件允许的情况下，尽可能降低电源电压。如果电路工作频率比较低，用+5V 电源供电最好。

4）对使用的电源加限流措施，使电源电流被限制在 30mA 以内。常用的电源限流电路如图 1-6 所示。

3．对输入端的处理

在使用 CMOS 电路器件时，对输入端一般要求如下。

1）输入信号幅值不超过 CMOS 电路的电源电压。即满足 $V_{SS} \leqslant V_I \leqslant V_{CC}$，一般 $V_{SS} = 0V$。

2）脉冲信号的上升和下降时间一般应小于几 μs，否则电路工作不稳定或损坏器件。

图 1-6　电源限流电路

3）所有不用的输入端不能悬空，应根据实际要求接入适当的电压（V_{CC} 或 0V）。由于 CMOS 集成电路输入阻抗极高，一旦输入端悬空，极易受外界噪声影响，从而破坏了电路的正常逻辑关系，也可能感应静电，造成栅极被击穿。

4．对输出端的处理

1）CMOS 电路的输出端不能直接连到一起。否则导通的 P 沟道 MOS 场效应晶体管和导通的 N 沟道 MOS 场效应晶体管形成低阻通路，造成电源短路。

2）在 CMOS 逻辑系统设计中，应尽量减少电容负载。电容负载会降低 CMOS 集成电路的工作速度和增加功耗。

3）CMOS 电路在特定条件下可以并联使用。当同一芯片上两个以上同样器件并联使用（例如各种门电路）时，可增大输出灌电流和拉电流负载能力，同样也提高了电路的速度。但器件的输出端并联，输入端也必须并联。

4）从 CMOS 器件的输出驱动电流大小来看，CMOS 电路的驱动能力比 TTL 电路要差很多，一般 CMOS 器件的输出只能驱动一个 LS-TTL 负载。但从驱动和它本身相同的负载来看，CMOS 的扇出系数比 TTL 电路大得多（CMOS 的扇出系数≥500）。CMOS 电路驱动其他负载，一般要外加一级驱动器接口电路。

第2章 数字电路基本实验、综合设计实验

实验1 集成门电路逻辑功能及参数测试

1. 实验目的

1) 熟悉数字电路实验箱及常用实验仪器。

2) 熟悉集成门电路的工作原理和主要参数，掌握集成门电路的测试方法。

3) 掌握集成门电路的逻辑功能及其使用方法。

4) 掌握 Proteus 软件在时序逻辑电路设计中的应用。

2. 实验预习要求

1) 阅读本实验附录，了解数字电路实验箱的功能和使用方法。

2) 学习集成 TTL 与非门各参数的意义及测试方法。

3) 熟悉实验所用集成门电路的逻辑功能及外部引脚排列。

4) 熟悉 Proteus 集成环境软件。

5) 完成用 Proteus 软件设计电路并进行逻辑功能仿真。

3. 实验原理

（1）集成门电路外部引脚的识别

集成电路的引脚较多，如何正确识别集成电路的引脚则是使用中的首要问题。下面介绍几种常用集成电路引脚的排列形成。

圆形结构的集成电路和金属壳封装的半导体晶体管差不多，只不过体积大、电极引脚多。这种集成电路引脚排列方式为：从识别标记开始，沿顺时针方向依次为 1、2、3…如图 2-1a 所示。

单列直插型集成电路的识别标记，有的用倒角，有的用凹坑。这类集成电路引脚的排列方式也是从标记开始，从左向右依次为 1、2、3…如图 2-1b 和图 2-1c 所示。

扁平型封装的集成电路多为双列型，这种集成电路为了识别引脚，一般在端面一侧有一个类似引脚的小金属片，或者在封装表面上有一色标或凹口作为标记。其引脚排列方式是：从标记开始，沿逆时针方向依次为 1、2、3…如图 2-1d 所示。但应注意，有少量的扁平封装集成电路的引脚是顺时针排列的。

双列直插式集成电路的识别标记多为半圆形凹口，有的用金属封装标记或凹坑标记。这类集成电路引脚排列方式也是从标记开始，沿逆时针方向依次为 1、2、3…如图 2-1e 和图 2-1f。

（2）门电路逻辑功能

凡是对脉冲通路上的脉冲起着开关作用的电子线路就叫作门电路，是基本的逻辑电路。门电路可以有一个或多个输入端，但只有一个输出端。门电路的各输入端所加的脉冲信号只有满足一定的条件时，"门"才打开，即才有脉冲信号输出。从逻辑学上讲，输入端满足一定的条件是"原因"，有信号输出是"结果"，门电路的作用是实现某种因果关系——逻辑关系。

所以门电路是一种逻辑电路。基本的逻辑关系有三种：与逻辑、或逻辑、非逻辑。与此相对应，基本的门电路有与门、或门、非门，在此基础上还可扩展为与非门、或非门和异或门。表2-1列出了常用门电路的图形符号和输入输出之间的逻辑关系。

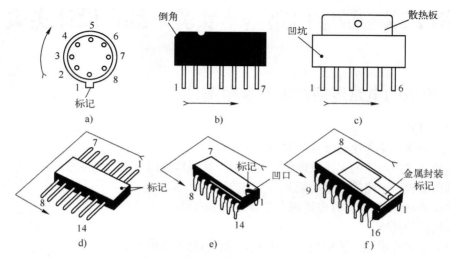

图2-1　集成门电路外引线的识别

a) 圆形结构的集成电路　b) 单列直插型集成电路　c) 方式单列直插型集成电路

d) 扁平型双列直插式集成电路　e)双列直插式集成电路　f) 金属封装双列直插式集成电路

表2-1　常用逻辑门的符号及真值表

名称	与门			或门			非门		与非门			或非门			异或门		
图形符号	A & F B			A ≥1 F B			A 1 F		A & F B			A ≥1 F B			A =1 F B		
真值表	A	B	F	A	B	F	A	F	A	B	F	A	B	F	A	B	F
	0	0	0	0	0	0	0	1	0	0	1	0	0	1	0	0	0
	0	1	0	0	1	1	1	0	0	1	1	0	1	0	0	1	1
	1	0	0	1	0	1			1	0	1	1	0	0	1	0	1
	1	1	1	1	1	1			1	1	0	1	1	0	1	1	0
表达式	$F=A\cdot B$			$F=A+B$			$F=\overline{A}$		$F=\overline{A\cdot B}$			$F=\overline{A+B}$			$F=A\oplus B$		

（3）门电路逻辑功能的测试方法

测试门电路的逻辑功能有以下两种方法。

1）静态测试法：就是给门电路输入端加固定的高、低电平，用万用表、发光二极管等测输出电平。

2）动态测试法：就是给门电路输入端加一串脉冲信号，用示波器观测输入波形与输出波形的关系。

4．实验任务

（1）在实验箱上进行 TTL 门电路的逻辑功能测试

按图 2-2 接线，将 A、B 端分别接到两个开关上，并将不同输入状态下的输出结果记入表 2-2 中，分析测试结果是否符合与非门的逻辑功能。

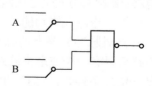

图2-2　与非门逻辑功能测试接线图

表 2-2 与非门逻辑功能真值表

输 入 端		输 出 端	
A	B	指示灯显示状态	F
0	0		
0	1		
1	0		
1	1		

TTL 与非门（74LS00）参数测试步骤如下：

1）输出高电平 V_{OH}：与非门输出高电平 V_{OH} 是指有一输入端或全部输入端为低电平时电路的输出电压值，测试电路如图 2-3 所示。

2）输出低电平 V_{OL}：与非门输出低电平是指所有输入端均接高电平时的输出电压值，测试电路如图 2-4 所示。

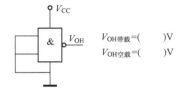

$V_{OH带载}=($ $)$V

$V_{OH空载}=($ $)$V

图 2-3　输出高电平 V_{OH} 测试电路

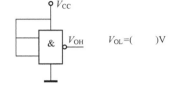

$V_{OL}=($ $)$V

图 2-4　输出低电平 V_{OL} 测试电路

（2）观察与非门的控制作用

将图 2-3 中与非门的输入端 B 接至脉冲源"CP"输出端。

当控制端 A 输入为"0"时，将输出端的状态记录在表 2-3 中。

当控制端 A 输入为"1"时，将输出端的状态记录在表 2-3 中。

表 2-3 与非门的控制作用

输 入 端		输 出 端	
A	B	指示灯显示状态	F
0	CP		
1	CP		

与非门组成其他门电路并测试验证。用与非门实现与门、非门、或门、或非门、异或门的逻辑关系。

要求：① 写出转换表达式。

② 画出逻辑电路图并进行逻辑功能测试。

5．实验设备及器件

1）操作实验所用主要设备：

名　称	数　量	备　注
数字电子技术实验箱	1	
直流电压表	1	
7400 和 7420	各 1	

2）Proteus 仿真实验所用主要元器件和测量设备：

名称		符号	描述
信号源	DCLOCK		时钟频率，可调整频率以测试时钟的设计
电源正端	POWER		—
电源接地	GROUND		—
直流电压表	DC VOLTMETER		测量输出电压
直流电流表	DC AMMETER		测量电流
输入	LOGICSTATE		可以输入逻辑 0 或者 1
输出	LOGICPROBE（BIG）		可以显示逻辑 0 或者 1
器件	74LS00　74LS20		

6．实验过程注意事项

（1）仿真要求设计要求

具体的 Proteus 操作方法参考附录 A 所讲内容，本次仿真实验需要注意的一般步骤如下。

1）鼠标单击"开始"按钮，在"程序"栏中打开"Proteus"菜单栏，选择"Proteus ISIS"菜单，开始启动 Proteus 集成环境软件。

2）新建源文件，选择存放源文件名及路径，之后的文件操作都要保存在该文件夹内。

3）为了方便按照真值表检查不同数据地址对应的输出状态，采用 Logicstate 作为输入。

4）选择具有仿真功能的数字器件 74LS 系列门电路器件。

5）运行调试。

6）以截屏或者拍照方式记录实验结果。

（2）实验箱验证电路逻辑功能

1）搭建电路；在面包板上插入本次实验所需的芯片并连线。选择数字实验平台上的 LED 灯作为输出，数字实验箱上的拨动开关作为输入信号。

2）用直流稳压电源提供+5V 电压（用万用表测），接入电路（注意地线也需接入）。

3）正确给定集成电路的电源电压大小和电源极性，注意集成门电路多余输入端的正确处理，注意保护实验箱。

4）根据真值表变换拨动开关，观察输出状态，判断器件工作状态是否正常。

5）选择万用表正确档位测量输出参数，分析实测数据，检查设计及电路连接是否正确。

6）记录数据（记录在实验数据记录纸上）。

进行操作实验时，如果实验结果错误，可用探线+指示灯或者万用表根据逻辑功能检查主要的接线端的电平状态是否出现错误。

7．实验报告要求

1）分析实验现象与结果。

2）总结实验过程中出现的故障和排除故障的方法等。

3）回答实验教材和实验过程中老师提出的问题。

8．回答问题

1）怎样判断门电路的逻辑功能是否正常？

2）与非门的一个输入端接连续脉冲，其余端是什么状态时允许脉冲通过？其余端是什么状态时禁止脉冲通过？

3）通过实验分析，总结 TTL 门电路多余输入端的处理方法。

4）用 EDA 开发系统进行逻辑电路设计的特点。

实验 2　TTL 集电极开路门与三态门的应用

1. 实验目的

1）掌握 TTL 集电极开路（Open Circuit，OC）门的逻辑功能及应用。

2）掌握 TTL 三态输出门的逻辑功能及应用。

3）掌握 Proteus 软件在组合逻辑电路设计中的应用。

2. 实验预习要求

1）复习 TTL 集电极开路门和三态门工作原理。

2）计算实验中各负载 R_L 阻值，并从中确定实验所用负载 R_L 值（选标称值）。

3）画出用开路门与非门实现实验内容的逻辑图。

3. 实验原理

（1）集电极开路门的结构特征与工作原理

集电极开路门是一种晶体管开关管输出结构，相当于一个晶体管在集电极与电源没有接通，当基极有输入信号 1 时，集电极和发射极导通，集电极输出电平为低电平，相当于将集电极与地直接相连，集电极输出电压约为 0。当基极输入信号为 0 时，集电极与发射极断开，集电极输出的虽然是逻辑 1，但由于集电极没有与电源相连，集电极处于悬浮状态，所以集电极并不能输出为高电平，不能驱动负载。为了使集电极开路门结构能带动负载，需要在电源与集电极间接上拉电阻。

线与逻辑是集电极开路门的另一个重要特点，即两个输出端（包括两个以上）直接互连就可以实现"AND"的逻辑功能。在总线传输等实际应用中需要多个门的输出端并联连接使用，而一般 TTL 门输出端并不能直接并联使用，否则这些门的输出管之间由于低阻抗形成很大的短路电流（灌电流），用开路门实现线与的时候，应同时在输出端口加一个上拉电阻。

图 2-5 是一个 TTL 二输入集电极开路与非门的逻辑符号和内部电路。图中开路门的输出管 T_3 的集电极是悬空的。当 A、B 中有一个端接低电平时，T_3 截止，输出端的电平由外部所接电路决定，通常输出端外接一个上拉电阻 R，电阻的另一端与电源 V_{CC1} 相连接（其电阻 R 与电源 V_{CC1} 的连接方式参见图 2-6），这时输出端为高电平，电平电压取决于 V_{CC1} 的电压；当 A、B 同时接高电平时，T_3 导通，输出为低电平。输出与输入的逻辑关系为 AB=Y。外接上拉电阻 R 的选取应保证门电路的输出电平和驱动电流能符合所接负载的设计要求，输出高电平时，不低于输出高电平的最小值；输出低电平时，不高于输出低电平的最大值。由于开路门上拉电阻外接，减小了内部电路功耗，电路的驱动电流较大，应用开路门使电路设计灵活。

（2）集电极开路门的使用方法

1）利用开路门"线与"特性完成特定逻辑功能

开路门的输出端可以直接并接，如图 2-6 所示。图中只要有一个门的输出为低电平，则 F 输出为低，只有所有门的输出为高电平，F 输出才为高，因此相当于在输出端实现了线与的逻辑功能。

2）利用开路门可实现逻辑电平的转换

改变上拉电阻 R 的电源 V_{CC2} 的电压，输出端的逻辑电平会跟 V_{CC2} 改变。不同电平的逻辑电路可以用开路门连接。

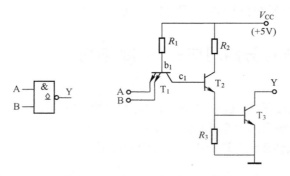

图 2-5　集电极开路与非门的逻辑符号和内部电路

3）开路门用于驱动开路门的输出电流较大，可驱动工作电流较大的电子器件。

图 2-7 是用开路门驱动发光二极管的低电平驱动电路。当门电路输出为高电平时，发光二极管截止；当门电路输出为低电平时，发光二极管导通。

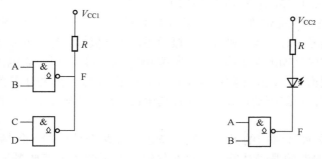

图 2-6　开路门"线与"电路　　　　　图 2-7　开路门 LED 驱动电路

（3）三态门的使用方法

1）三态门的输入输出特性

三态门有三种输出状态：输出高电平、输出低电平和高阻状态，前两种状态为工作状态，后一种状态为禁止状态。值得注意的是，三态门不是具有三种逻辑值。在工作状态下，三态门的输出可为逻辑 '0' 或者逻辑 '1'；在禁止状态下，其输出呈现高阻态，相当于开路。三态门有一个控制端$\overline{E}$（或 E），其控制方式为高有效（或低有效），如图 2-8 为三态门的逻辑符号和内部结构图，控制端为低有效。

当$\overline{E}=0$ 时，实现 Y=A 的逻辑功能；当$\overline{E}=1$ 时，输出为高阻态。

2）三态门的数据传输功能

利用三态门的高阻态特性可实现总线传输或总线双向传输功能，三态门的输出端连在一起构成总线传输结构，只能有一个控制端处于使能状态，不允许同时有两个以上三态门的控制端处于使能状态，否则输出会产生信号短路，信号混乱并发生电路故障。图 2-9 用 74LS125 两个三态门输出构成一条总线。使两个控制端一个为低电平，另一个为高电平。74LS125 的封装图如图 2-10 所示。

4. 设计举例

设计题目：在二输入地址端的作用下实现 4 路输入数据的总线传输。

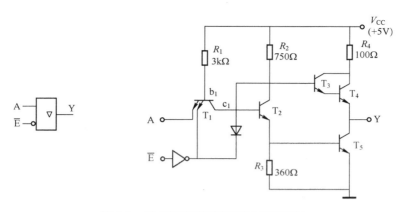

图 2-8　三态门的逻辑符号和内部结构图

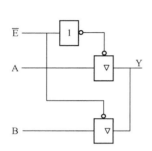

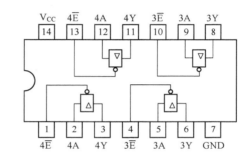

图 2-9　三态门实现总线传输用

图 2-10　74LS125 的封装图

设计要求：采用非门、二输入与非门和三态输出四总线缓冲器 74LS125 设计电路。

理论分析或仿真分析结果：

设备端口要挂在一个总线上，必须通过三态缓冲器。因为在一个总线上同时只能有一个端口作输出，这时其他端口必须在高阻态，同时可以输入这个输出端口的数据。所以需要有总线控制管理，访问到哪个端口，那个端口的三态缓冲器才可以转入输出状态，这是典型的三态门应用。

图 2-11 中，二位地址 ABC 从 A、B 地址端录入，A 和 B 的四种不同的 0 和 1 的组合会在四个二输入与非门产生唯一的低电平信号，这个选中的低电平输出端连接了对应三态门的低电平有效的使能端，所以对应的三态门开启，把并行输入的 4 位数据输出至总线。74LS125 含有 4 组三态门，因此需要一片 74LS125 完成设计。

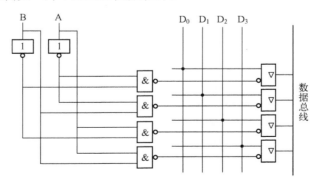

图 2-11　4 路输入数据的总线传输电路

5．实验设备及器件

1）操作实验所用主要设备：

名　　称	数　量	备　注
数字电子技术实验箱	1	
直流电压表	1	
示波器	1	
74LS03，74LS125，75LS04	各 1	

2）Proteus 仿真实验所用主要元器件：

名称		符号	描述
信号源	DCLOCK		时钟频率，可调整频率以测试时钟的设计
电源正端	POWER		—
电源接地	GROUND		—
输入	LOGICSTATE		可以输入逻辑 0 或者 1
输出	LOGICPROBE（BIG）		可以显示逻辑 0 或者 1
器件	74LS125		

6．实验任务

对设计的实验进行 Proteus 仿真，并用 HDL 语言实现电路功能。

（1）采用集电极开路门实现逻辑函数

参考图 2-6，用开路门 74LS03 验证开路门的"线与"功能。R 为 1kΩ 时，实现 $F = \overline{AB} \cdot \overline{CD}$，观测输出与输入信号的逻辑关系，将数据填入实验记录表格 2-4 中。

表 2-4　开路门设计实验数据记录表

A	B	C	D	F	A	B	C	D	F
0	0	0	0		1	0	0	0	
0	0	0	1		1	0	0	1	
0	0	1	0		1	0	1	0	
0	0	1	1		1	0	1	1	
0	1	0	0		1	1	0	0	
0	1	0	1		1	1	0	1	
0	1	1	0		1	1	1	0	
0	1	1	1		1	1	1	1	

（2）采用三态门实现多为地址下的数据传输

参考在控制信号作用下由三态门构成的总线传输电路的原理，设计具有两位地址 A、B 控制下，将 4 路数据分别传送至输出端的电路，即需要实现表 2-5 所示的电路结构。

表 2-5 三态门设计实验数据记录表

地址		数据输入				输出
A_1	A_0	D_0	D_1	D_2	D_3	F
0	0	D_0	×	×	×	D_0
0	1	×	D_1	×	×	D_1
1	0	×	×	D_2	×	D_2
1	1	×	×	×	D_3	D_3

7. 实验过程注意事项

具体的实验箱和 Proteus 操作方法参考附录 A 和实验 1 所讲内容，本次实验需要注意的步骤如下。

（1）仿真设计要求

1）鼠标单击"开始"按钮，在"程序"栏中打开"Proteus"菜单栏，在其中选择"Proteus ISIS"菜单，开始启动 Proteus 集成环境软件。

2）为了方便按照真值表检查不同数据地址对应的输出状态，输入采用 Logicstate 作为输入。

3）选择具有仿真功能的数字器件 74LS 系列的组合电路器件。

（2）实验箱验证电路逻辑功能

1）搭建电路；在面包板上插上本次实验所需的芯片并连线。选择数字实验平台上的 LED 灯作为输出，数字实验箱上的拨动开关作为输入信号。

2）根据真值表拨动输入开关，观察输出 LED 灯，分析数据，判断器件是否正常工作。

8. 实验报告要求

1）在实验预习报告的基础上，写出设计步骤与电路工作原理。

2）分析实验现象与结果。

3）总结实验过程中出现的故障和排除故障的方法等。

4）回答实验教材和实验过程中老师提出的问题。

5）附上利用 Proteus 软件的仿真结果图。

9. 回答问题

1）三态门构成数据总线时，能否在某一时刻有两个三态门的控制端为低电平？

2）在使用总线传输数据时，总线上能不能同时接有开路门与三态输出门？为什么？

实验 3　利用 SSI 设计组合逻辑电路

1. 实验目的

1）掌握组合逻辑电路的设计方法与步骤。

2）熟悉集成组合电路芯片的逻辑功能及使用方法。

3）掌握 Proteus 软件在组合逻辑电路设计中的应用。

2. 实验预习要求

1）复习组合逻辑电路的设计方法与步骤。

2）根据实验任务与要求，独立完成电路设计。

3）熟悉本次实验所用集成门电路的引脚及其功能。

4）熟悉 Proteus 集成环境软件。

5）完成用 Proteus 软件设计电路并进行逻辑功能仿真。

6）完成预习报告，主要包括实验目的、实验仪器、实验任务、实验设计等。

3．实验原理

在数字系统中，按逻辑功能的不同，可将数字电路分为两类，即组合逻辑电路和时序逻辑电路。组合逻辑电路在任何时刻的稳定输出仅取决于该时刻电路的输入，而与电路原来的状态无关。

（1）用 SSI 进行组合逻辑电路的分析步骤

1）有给定的逻辑电路图，写出输出端的逻辑表达式。

2）列出真值表。

3）通过真值表概括出逻辑功能，看原电路是不是最理想，若不是，则对其进行改进。

（2）用 SSI 进行组合逻辑电路的设计步骤

1）由实际逻辑问题列出真值表。

2）由真值表写出逻辑表达式。

3）化简、变换输出逻辑表达式。

4）画出逻辑图。

掌握组合逻辑电路的设计方法，能让学生具有针对现实问题的数字逻辑思维能力，通过逻辑设计处理许多实际问题。

4．设计举例

试用与非门电路设计一个举重运动中的三裁判表决电路。

举重比赛有三个裁判，一个主裁判和两个副裁判。杠铃完全举上的裁决由每一个裁判按一下自己面前的按钮来确定。只有当两个或两个以上裁判（其中必须有主裁判）判决成功时，表示"成功"的灯才亮。

假设 A、B、C 为表决裁判，A 为主裁判。表决时，"1"表示"赞成"，"0"表示"反对"，若有裁判 A 不同意，则无论裁判 B 和 C 是否同意，判定失败；如果裁判 A 同意，B 和 C 裁判都不同意，则判定失败。如果裁判 A 同意，裁判 B 和 C 有一个判定成功，则判定成功。则输出端 F 为"1"，表示"通过"，否则 F 为"0"，表示"不通过"。

按照组合电路的设计方法可以分四个步骤完成表决器的设计。

1）根据逻辑关系列出真值表。

输　　入			输出
A	B	C	F
0	0	0	0
0	0	1	0
0	1	0	0
0	1	1	0
1	0	0	0
1	0	1	1
1	1	0	1
1	1	1	1

2）根据真值表给出逻辑函数，并进行化简变换，可以采用卡诺图或者函数化简变换。以函数化简为例可以得到输出 F 的表达式：

$$F = AB + AC$$

其函数化简变换过程为：

$$F = \overline{\overline{AB + AC}} = \overline{\overline{AB} \cdot \overline{AC}}$$

根据变换结果绘制逻辑图，因为表达式是"与非与非"形式，可以采用与非门实现。

3）画出逻辑图。根据表达式，用与非门组成的逻辑电路如图 2-12 所示。

4）利用 Proteus 验证电路逻辑功能。

5）在 Proteus 环境下按图接线，A、B、C 分别接相应开关，F 接指示灯，观察输入、输出状态是否满足真值表。

6）实验箱验证电路逻辑功能

在实验箱上按图接线，A、B、C 分别接相应开关，F 接指示灯，观察输入、输出状态。

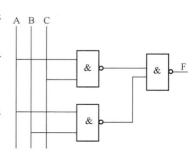

图 2-12　三裁判表决电路

5. 实验设备及器件

操作实验所用主要设备：

名　　称	数　量	备　注
数字电子技术实验箱	1	
74LS00，74LS20	各 1	

Proteus 仿真实验所用主要元器件：

	名称	符号	描述
信号源	DCLOCK		频率设为 1Hz
电源正端	POWER		—
电源接地	GROUND		—
输出	LOGICPROBE（BIG）		可以显示逻辑 0 或者 1
数据输入	LOGICSTATE		可以输入逻辑 0 或者 1
器件	74LS00，74LS20		

6. 实验任务

（1）电子密码锁的设计

基本要求：①密码可以自行设置的电子密码锁，开锁代码为 4 位二进制数；②以发光二极管作为指示灯，当输入的密码与所没的密码一致时，电子密码锁打开；③当输入的密码错误时，不能开锁，系统进入"错误"状态，并发出报警信号，直到按下复位开关，报警才停止，进入等待下一次开锁状态，记录数据并填入下表。

控制信号	密码	开锁信号	报警信号	控制信号	密码	开锁信号	报警信号
E	A B C D	Z1	Z2	E	A B C D	Z1	Z2

控制信号	密码	开锁信号	报警信号	控制信号	密码	开锁信号	报警信号
0	××××						
1	0000			1	1000		
1	0001			1	1001		
1	0010			1	1010		
1	0011			1	1011		
1	0100			1	1100		
1	0101			1	1101		
1	0110			1	1110		
1	0111			1	1111		

扩展要求：设计一个电子密码锁控制电路，当按密码规定的顺序按下按钮时，输出为高电平，电子锁动作，若不按此顺序或按下其他按钮时，输出为低电平，电子锁不动作。

变量定义：A、B、C、D 为密码信号输入端，E 为控制信号输入端，Z_1 为开锁信号，Z_2 为报警信号。

实现方法：1）用 TTL 四 2 输入与非门（7400）、二 4 输入与非门（7420）实现；2）用 HDL 实现密码锁功能。

（2）试用两种方法设计一个一位全减器

基本要求：设计一位全减器。具有被减数、减数、低位向本位借位的三个输入端，以及本位差和本位向高位借位的两个输出端，记录数据并填入下表。

	A_i	B_i	C_i		S_i	C_{i+1}
	0	0	0			
	0	0	1			
	0	1	0			
	0	1	1			
	1	0	0			
	1	0	1			
	1	1	0			
	1	1	1			

变量定义：二进制数 A_i、B_i、C_i 分别为被减数、减数、低位向本位的借位；S_i、C_{i+1} 分别为本位差、本位向高位的借位。

实现方法：①用 TTL 四 2 输入与非门（7400）、二 4 输入与非门（7486）实现；②用 HDL 实现一位全减器功能。

（3）试用设计一种血型配对电路（判断输血者与受血者的血型是否符合医学规定的电路）

人类通常有 A、B、AB、O 四种基本血型。输血者与受血者的血型必须符合医学规定，否则病人会出现生命危险。具体规则是：O 型血可以输给任意血型的人，但 O 型血的人只能接受 O 型血，也就是 O 型血是万能输血者；AB 型血只能输给 AB 型血的人，但 AB 血型的人能接受所有血型的血，也就是 AB 型血是万能受血者；A 型血的人能接受 A 型与 O 型血的人，而 A 型血能给 A 型与 AB 型输血；B 型血的人能接受 B 型与 O 型血的人，而 B 型血能给

B 型与 AB 型输血。

基本要求：设计一个检验输血者与受血者血型是否符合上述医学规定的逻辑电路，如果二者血型符合规定，则输出高电平，反之，则输出低电平，记录数据填入下表。

供血者	受血者	能否配对	供血者	受血者	能否配对
M N	P Q	F	M N	P Q	F
00	00		10	00	
	01			01	
	10			10	
	11			11	
01	00		11	00	
	01			01	
	10			10	
	11			11	

变量定义：M N 为供血者血型 2 地址输入端，P Q 为献血者血型 2 地址输入端，F 表示血型匹配结果。

实现方法：1）根据实验室提供的元器件用门级电路实现；2）用 HDL 编程实现。

设计提示：本设计只提供四个输入端，可以用它们组成一组二进制数码，每组二进制码代表一对输血与受血人的血型。比如可以约定："00"代表"A"型；"01"代表"O"型；"10"代表"AB"型；"11"代表"B"型。

7. 实验过程注意事项

具体的实验箱和 Proteus 操作方法参考附录 A 和实验 1 所讲内容，本次实验需要注意的步骤如下。

（1）仿真设计要求

1）为了方便按照真值表检查不同数据地址对应的输出状态，采用 Logicstate 作为输入；按照真值表检查所选设计不同输入下的输出是否满足设计要求。

2）选择具有仿真功能的数字器件 74LS 系列的组合电路器件。

3）以截屏或者拍照方式记录实验结果。

（2）实验箱验证电路逻辑功能

1）搭建电路；在面包板上插上本次实验所需的芯片并连线。选择数字实验平台上的 LED 灯作为输出，数字实验箱上的拨动开关作为输入信号。

2）正确给定集成电路的电源电压大小和电源极性，注意集成门电路多余输入端的正确处理，注意保护实验箱。

3）根据真值表拨动输入开关，观察输出 LED 灯，分析实测数据，判断器件是否正常工作。

8. 实验报告要求

1）在实验预习报告的基础上，写出设计步骤与电路工作原理。

2）分析实验现象与结果。

3）总结实验过程中出现的故障和排除故障的方法等。

4）回答实验教材和实验过程中老师提出的问题。

5）附上利用 Proteus 软件的仿真结果图。

9．回答问题

1）在进行组合逻辑电路设计时，设计者需要考虑哪些问题？

2）集成门电路多余输入端如何处理？

实验 4　利用 MSI 设计组合电路

1．实验目的

1）掌握常用集成组合电路的应用。

2）掌握数据选择器、译码器的工作原理和特点。

3）熟悉集成数据选择器、译码器的逻辑功能和引脚排列。

4）掌握 Proteus 软件在组合逻辑电路设计中的应用。

2．预习要求

1）复习数据选择器、译码器的工作原理。

2）画好实验用逻辑电路图。

3）熟悉集成数据选择器、译码器的引脚排列及其逻辑功能。

4）完成用 Proteus 软件设计电路并进行逻辑功能仿真。

5）完成预习报告，主要包括实验目的、实验仪器、实验任务、实验设计等。

3．实验原理

用 SSI 进行组合逻辑电路设计。可以采用 8 选 1 数据选择器 74LS151、双 4 选 1 数据选择器 74LS153、3-8 数据译码器 74LS138 实现。

数据选择器可以称为多路换路器或者多路数据开关，含有地址码和数据码，可以根据地址码的要求，将数据端对应的地址位的数据输出至输出端。因此具有 $2n$ 个数据输入端，n 位地址和 1 位输出。由于数据选择器是逻辑真值表的重要实现方式，因此可实现任何形式的逻辑函数，在数字系统中数据选择器得到了很广泛的应用。

（1）双 4 选 1 数据选择器 74LS153

74LS153 的逻辑符号如图 2-13 所示，功能表如表 2-6 所示。

A_0、A_1 为地址信号输入端；$D_{10} \sim D_{13}$，$D_{20} \sim D_{23}$ 为数据输入端；$\overline{1S}$、$\overline{2S}$ 为选通端，低电平有效；F_1、F_2 为数据输出端。

表 2-6　74LS153 4 选 1 数据选择器功能表

输　入							输　出
选通端	地址端		数据端				
$\overline{S}$	A_1	A_0	D_3	D_2	D_1	D_0	F
1	×	×	×	×	×	×	0
0	0	0	×	×	×	0	0
0	0	0	×	×	×	1	1
0	0	1	×	×	0	×	0
0	0	1	×	×	1	×	1
0	1	0	×	0	×	×	0
0	1	0	×	1	×	×	1
0	1	1	0	×	×	×	0
0	1	1	1	×	×	×	1

（2）8 选 1 数据选择器 74LS151

逻辑符号如图 2-14 所示，功能表如表 2-7 所示。其中 A_2、A_1、A_0 为地址端；$D_0 \sim D_7$ 为数据输入端；$\overline{EN}$ 为使能端，低电平有效；Y($\overline{Y}$)为输出端。

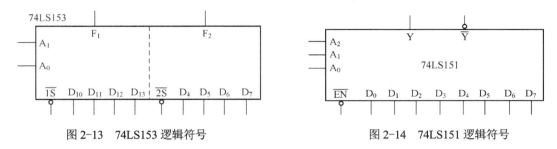

图 2-13 74LS153 逻辑符号   图 2-14 74LS151 逻辑符号

表 2-7 74LS151 8 选 1 数据选择器功能表

输　　入			输　　出	
使能端	地址端		正逻辑	负逻辑
$\overline{EN}$	A_2 A_1 A_0		Y	$\overline{Y}$
1	× × ×		0	1
0	0 0 0		D_0	$\overline{D_0}$
0	0 0 1		D_1	$\overline{D_1}$
0	0 1 0		D_2	$\overline{D_2}$
0	0 1 1		D_3	$\overline{D_3}$
0	1 0 0		D_4	$\overline{D_4}$
0	1 0 1		D_5	$\overline{D_5}$
0	1 1 0		D_6	$\overline{D_6}$
0	1 1 1		D_7	$\overline{D_7}$

（3）用数据选择器实现组合逻辑函数

数据选择器是中规模集成逻辑电路中的一个重要逻辑部件，其功能是实现从多路数据中选择一路进行传输。除此之外，它还能够实现逻辑函数，方法多样灵活，具有很大的使用价值。

由于数据选择器可以实现逻辑真值表，即实现逻辑函数的最小项表达式，选用数据选择器时，需要根据数据地址的数量来设计方案。尤其注意是否需要采用降维的方式来实现逻辑函数。

设计方法如下：

1）写出任意组合逻辑函数的标准与或式，以及数据选择器输出的通用表达式。

2）对照上述两个表达式从而确定选择器各输入端变量的表达式。

3）根据采用的数据选择器和选择器各输入端的表达式画出连线图。

（4）变量译码器

所谓译码，就是把代码的特定含义"翻译"出来的过程，而实现译码操作的电路称为译码器。译码器可分为三类：变量译码器、码制变换译码器和显示译码器。

变量译码器是一个将 n 个输入变为 $2n$ 个输出的多输出端的组合逻辑电路。其模型可用

图 2-15 来表示，其中输入变化的所有组合中，每个输出为 1 的情况仅一次，由于最小项在真值表中仅有一次为 1，所以输出端为输入变量的最小项的组合。故译码器又可以称为最小项发生器电路。

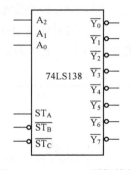

1）3-8 译码器 74LS138。

3-8 线译码器逻辑符号如图 2-15 所示，逻辑功能如表 2-8 所示，其中

A_2、A_1、A_0 为地址输入端；

$\overline{Y}_0 \sim \overline{Y}_7$ 为输出端，低电平有效；

ST_A、$\overline{ST}_B$、$\overline{ST}_C$ 为选通端。

当 $ST_A=1$，$\overline{ST}_B + \overline{ST}_C = 0$ 时，执行正常的译码操作

图 2-15　74LS138 逻辑符号

表 2-8　74LS138 译码器功能表

输　　入					输　　出							
ST_A	$\overline{ST}_B + \overline{ST}_C$	A_2	A_1	A_0	$\overline{Y}_0$	$\overline{Y}_1$	$\overline{Y}_2$	$\overline{Y}_3$	$\overline{Y}_4$	$\overline{Y}_5$	$\overline{Y}_6$	$\overline{Y}_7$
×	1	×	×	×	1	1	1	1	1	1	1	1
0	×	×	×	×	1	1	1	1	1	1	1	1
1	0	0	0	0	0	1	1	1	1	1	1	1
1	0	0	0	1	1	0	1	1	1	1	1	1
1	0	0	1	0	1	1	0	1	1	1	1	1
1	0	0	1	1	1	1	1	0	1	1	1	1
1	0	1	0	0	1	1	1	1	0	1	1	1
1	0	1	0	1	1	1	1	1	1	0	1	1
1	0	1	1	0	1	1	1	1	1	1	0	1
1	0	1	1	1	1	1	1	1	1	1	1	0

2）用译码器实现组合逻辑函数。

设计方法：

写出函数的最小项表达式，把最小项表达式中的最小项对应译码器的输出相与非（译码器是低电平输出）或者相或（译码器是高电平输出），即可得到相应的逻辑函数。

4．设计举例

全加器是能够计算低位进位的二进制加法电路。与半加器相比，全加器不只考虑本位计算结果是否有进位，也考虑上一位对本位的进位，可以把多个一位全加器级联后做成多位全加器，一位全加器符号如图 2-16 所示。

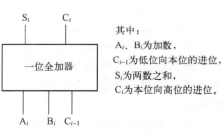

其中：
A_i、B_i 为加数，
C_{i-1} 为低位向本位的进位，
S_i 为两数之和，
C_i 为本位向高位的进位。

图 2-16　全加器模型

表 2-9　全加器真值表

A_i	B_i	C_{i-1}	S_i	C_i
0	0	0	0	0
0	0	1	1	0
0	1	0	1	0
0	1	1	0	1
1	0	0	1	0
1	0	1	0	1
1	1	0	0	1
1	1	1	1	1

一位全加器的逻辑表达式为：

$$S_i = A_i \oplus B_i \oplus C_{i-1}$$
$$= \overline{A_i}\,\overline{B_i}C_{i-1} + \overline{A_i}\,B_i\,\overline{C_{i-1}} + A_i\overline{B_i}\,\overline{C_{i-1}} + A_iB_iC_{i-1}$$
$$= \sum_m(1,2,4,7)$$

$$C_i = C_{i-1}(A_i \oplus B_i) + A_iB_i$$
$$= \overline{A_i}B_iC_{i-1} + A_i\overline{B_i}C_{i-1} + A_iB_i\overline{C_{i-1}} + A_iB_iC_{i-1}$$
$$= \sum_m(3,5,6,7)$$

1）采用 8 选 1 数据选择器（74LS151）实现全加器，逻辑图如图 2-17 所示。

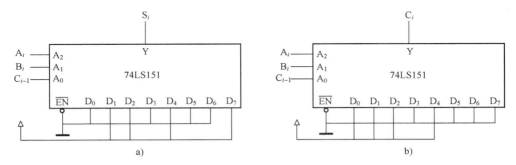

图 2-17　74LS151 实现的全加器逻辑图

a) 全加器本位和　b) 全加器向高位进位

2）用双 4 选 1 数据选择器（74LS153）实现全加器。

逻辑图如图 2-18 所示。

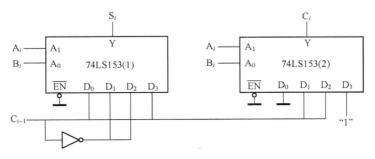

图 2-18　74LS153 实现的全加器逻辑图

3）用 3-8 译码器 74LS138 实现全加器。

逻辑图如图 2-19 所示。

5. 实验设备及器件

1）操作实验所用主要设备：

名　称	数　量	备　注
数字电子技术实验箱	1	
74LS138，74LS151	各 1	

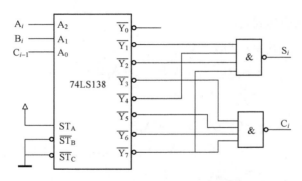

图 2-19　74LS138 实现全加器逻辑图

2）Proteus 仿真实验所用主要元器件：

	名称	符号	描述
信号源	DCLOCK		3 个信号源，频率设为 1Hz、2Hz、4Hz
电源正端	POWER		—
电源接地	GROUND		—
输出	LOGICPROBE(BIG)	?	可以显示逻辑 0 或者 1
数据输入	LOGICSTATE	0	可以输入逻辑 0 或者 1
器件	74LS138，74LS151，74LS152		

6．实验任务

（1）设计双发电机运行控制电路

某工厂有 A、B、C 三台设备，A、B 的功率均为 10W，C 的功率为 20W，这些设备由两台发电机供电，两台发电机的最大输出功率分别为 10W 和 30W。

基本要求：设计逻辑电路以最节约能源的方式起、停发电机，来控制三台设备的运转、停止。

变量定义：设 10W 功率的发电机为 M，30W 功率的发电机为 N；A、B、C 分别代表三台设备。

实现方法：①分别用 74LS138 译码器、74LS151 八选一数据选择器及少量的门电路设计；②用 HDL 实现电路功能。

（2）设计一位全减器电路

基本要求：设计一位全减器。具有被减数、减数、低位向本位借位的三个输入端，以及本位差和本位向高位借位的两个输出端。

变量定义：二进制数 A_i、B_i、C_i 分别为被减数、减数、低位向本位的借位；S_i、C_{i+1} 分别为本位差、本位向高位的借位。

实现方法：①采用 74LS138 译码器、74LS153 双四选一数据选择器及少量的门电路；②用 HDL 实现电路功能。

（3）8 路数据总线分时传输系统

基本要求：应用 74LS151 和 74LS138 设计一个 8 位数据传输电路。其功能是能将 8 个输入数据中的任何一个传送到 8 个输出端中的任何一个输出端。

变量定义：①74151 的输入端对应了 8 位输入数据。②用 HDL 实现电路功能。

实现方法：74151 和 74138 的三个地址端作为控制信号，控制 8 路数据的分时串行传输。

7. 实验过程注意事项

具体的实验箱和 Proteus 操作方法参考附录 A 和实验 1 所讲内容，本次实验需要注意的步骤如下。

（1）采用 Proteus 进行设计电路的仿真

具体的 Proteus 操作方法参考附录 A 所讲内容，由于 Proteus 没有逻辑字发生器，需要采用三个互为 2 倍频的数字时钟信号源模拟三变量的二进制地址信号。

（2）实验箱验证电路逻辑功能

1）注意拨动开关对应的三位地址信号的高低位，观察 LED 输出小灯，分析实测数据检查设计以及电路连接是否正确。

2）记录数据（记录在实验数据记录纸上）：进行操作实验时，如果实验结果错误，可用探线+指示灯或者万用表根据逻辑功能检查主要的接线端的电平状态是否出现错误。

8. 实验报告要求

1）在实验预习报告的基础上，写出设计步骤与电路工作原理。

2）分析实验现象与结果。

3）总结实验过程中出现的故障和排除故障的方法等。

4）回答实验教材和实验过程中老师提出的问题。

5）附上利用 Proteus 软件的仿真结果图。

9. 回答问题

1）在 Proteus 中 74LS138 地址端高低位是如何排列的？

2）用 74LS153 实现全减器时，若地址端的高位和低位用错，将出现什么现象？写出错误的输出。

3）如何设置三个数字时钟信号源的输出频率？

实验 5　竞争与冒险实验研究

1. 实验目的

1）熟悉竞争与冒险概念。

2）研究竞争与冒险产生的原因。

3）掌握竞争与冒险电路设计中避免的方法。

2. 预习要求

1）复习竞争与冒险概念及其产生原因。

2）复习消除竞争与冒险现象的方法。

3）预习所用到的中规模集成芯片的功能、引脚排列及使用方法。

4）预习组合逻辑电路的功能特点和结构特点。

5）用 Proteus 软件对实验进行仿真并分析实验是否成功。

3. 实验原理

1）竞争冒险现象及其成因

对于组合逻辑电路，输出仅取决于输入信号的取值组合，但这仅是对电路的稳定解而言，没有涉及电路的暂态过程。实际上，在组合逻辑电路中信号的传输可能通过不同的路径而汇合到某一门的输入端上。由于门电路的传输延迟，各路信号对于汇合点会有一定的时差，这种现象称为竞争。如果竞争现象的存在不会使电路产生错误的输出，则称为非临界竞争；如果使电路的输出产生了错误输出，则称为临界竞争，通常称为逻辑冒险现象。一般说来，在组合逻辑电路中，如果有两个或两个以上的信号参差地加到同一门的输入端，在门的输出端得到稳定的输出之前，可能出现短暂的、不是原设计要求的错误输出，其形状是一个宽度仅为 1 个时差的窄脉冲，通常称为尖峰脉冲或毛刺。

2）检查竞争冒险现象的方法

在输入变量每次只有一个改变状态的简单情况下，可以通过逻辑函数式判断组合逻辑电路中是否有竞争冒险存在。如果输出端门电路的两个输入信号 A 和 $\overline{A}$ 是输入变量，A 经过两个不同的传输途径而来，那么当输入变量的状态发生突变时输出端便有可能产生尖峰脉冲。因此，只要输出端的逻辑函数在一定条件下化简成 $Y = A + \overline{A}$ 或 $Y = A \cdot \overline{A}$，则可判断存在竞争冒险。

3）消除竞争冒险现象的方法

① 接入滤波电路

在输出端并接入一个很小的滤波电容 C_f，足可把尖峰脉冲的幅度削弱至门电路的阈值电压以下。

② 引入选通脉冲

对输出引进选通脉冲，避开现象。

③ 修改逻辑设计

在逻辑函数化简选择乘积项时，按照判断组合电路是否存在竞争冒险的方法，选择不会使逻辑函数产生竞争冒险的乘积项。也可采用增加冗余项方法。选择消除险象的方法应根据具体情况而定。组合逻辑电路的险象是一个重要的实际问题。当设计出一个组合电路，安装后应首先进行静态测试，也就是用逻辑开关按真值表依次改变输入量，验证其逻辑功能。然后再进行动态测试，观察是否存在冒险。如果电路存在险象，但不影响下一级电路的正常工作，就不必采取消除险象的措施；如果影响下一级电路的正常工作，就要分析险象的原因，然后根据不同的情况采取措施加以消除。

4. 实验举例

1）实验电路

在 Proteus 中使用一个 74LS00 按照示意图连接，如图 2-20 所示。

2）观察仿真现象

通过仿真，使用虚拟示波器观察输入与输出波形，看到如图 2-20 所示波形，分析产生的原因是什么？如何消除这种现象？

3）硬件参考仿真图搭建，用示波器观察到什么现象？

5. 实验设备及器件

操作实验所用主要设备：

名　　称	数　量	备　注
数字电子技术实验箱	1	
74LS00，74LS20 等	若干	

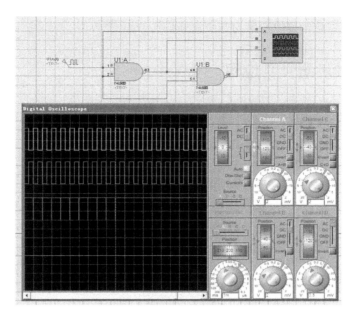

图 2-20　竞争与冒险实验参考原理图

Proteus 仿真实验所用主要元器件：

	名称	符号	描述
信号源	DCLOCK		频率设为 1Hz
电源正端	POWER		—
电源接地	GROUND		—
输出	LOGICPROBE(BIG)		可以显示逻辑 0 或者 1
数据输入	LOGICSTATE		可以输入逻辑 0 或者 1
器件	74LS00，74LS20 等		

6. 实验任务

1）自己设计一个电路能够产生竞争冒险现象，并分析其产生的原因。

2）在本章实验 1 的基础上，研究能够消除产生竞争冒险现象的方法有哪些？要求设计相关电路消除竞争冒险现象。

3）观察仿真现象

要求能够利用 Proteus 环境进行验证。通过仿真，使用虚拟示波器观察输入与输出波形，记录电路改善前后的实验波形。

4）利用实验箱进行硬件电路搭建，用示波器观察实验现象。

7. 实验报告要求

1）整理实验数据，记录实验波形。

2）分析实验中的现象，操作中遇到的问题及解决办法。

3）总结消除竞争与冒险的步骤、方法及心得。

8. 回答问题

1）竞争冒险现象产生的原因是什么？

2）能够消除产生竞争冒险现象的方法有哪些？

实验 6　集成触发器及其应用

1. 实验目的

1）掌握触发器功能的测试方法。

2）掌握集成 D 触发器和 JK 触发器的逻辑功能及使用方法。

3）熟悉触发器的相互转换方法。

4）熟悉用触发器构成时序电路的方法。

5）掌握 Proteus 软件在时序逻辑电路设计中的应用。

2. 实验预习要求

1）复习触发器的工作原理。

2）设计电路并画好逻辑电路图。

3）熟悉实验中所用集成触发器的引脚排列和逻辑功能。

4）完成用 Proteus 软件设计电路并进行逻辑功能仿真。

5）完成预习报告，主要包括实验目的、实验仪器、实验任务、实验设计等。

3. 实验原理

（1）集成触发器

在实际的数字系统中往往包含大量的存储单元，而且经常要求它们在同一时刻同步动作，为达到这个目的，在每个存储单元电路上引入一个时钟脉冲（CLK）作为控制信号，只有当 CLK 到来时电路才被"触发"而动作，并根据输入信号改变输出状态。把这种在时钟信号触发时才能动作的存储单元电路称为触发器，以区别没有时钟信号控制的锁存器。

（2）触发器类型

根据电路结构和功能的不同，触发器可以分为基本 RS 触发器、同步 RS 触发器、主从触发器、边缘触发器等类型。由于电路结构形式的不同，带来了各不相同的动作特点。表 2-10 列出了常用触发器的逻辑功能表示方法。

表 2-10　几种常用触发器的符号及状态表

名称	基本 RS 触发器			同步 RS 触发器			JK 触发器			D 触发器	
符号											
状态表	$\overline{R}_D$	$\overline{S}_D$	Q_{n+1}	R	S	Q_{n+1}	J	K	Q_{n+1}	D	Q_{n+1}
	0	0	不定	0	0	Q_n	0	0	Q_n	0	0
	0	1	0	0	1	1	0	1	0	1	1
	1	0	1	1	0	0	1	0	1		
	1	1	Q_n	1	1	不定	1	1	$\overline{Q}_n$		

对表 2-10 的几点说明：

1）表 2-10 中的 $\overline{R}_D$ 和 $\overline{S}_D$ 端称为触发器的异步输入端，可使触发器直接置"0"和直接置"1"，均是低电平起作用，置"0"或置"1"后，$\overline{R}_D$ 和 $\overline{S}_D$ 均应恢复到高电平。

2）逻辑符号的 C 端，称为 CP 脉冲（矩形脉冲）输入端。在 CP 脉冲作用下，触发器的状态才会改变。图上的小圆圈表示脉冲下降沿起作用，无小圆圈表示脉冲上升沿起作用。

3）逻辑符号的方框内 CP 端处有动态输入"〉"号表示为边沿触发器，没有"〉"号表示为电平触发型。边沿触发器是指在输入信号作用下，CP 的有效边沿到来时刻触发器状态才有可能变化，在 CP 维持高电平或低电平期间，触发器状态始终不变；电平触发则是指在输入信号作用下，CP 在有效电平期间触发器状态都有可能变化。

4）Q_n 表示 CP 脉冲起作用之前触发器的状态，可称为现态；Q_{n+1} 表示 CP 脉冲作用后的状态，称为次态。

为了正确使用触发器，不仅要掌握触发器的逻辑功能，还应注意触发器对触发信号 CP 脉冲与控制输入信号之间互相配合的要求。

（3）触发器类型转换

集成触发器的主要产品是 D 触发器和 JK 触发器，其他功能的触发器可由 D、JK 触发器进行转换。将 D 触发器的 D 端连到其输出端 $\overline{Q}$，就构成 T 触发器。将 JK 触发器的 J、K 端连在一起输入信号，就构成 T 触发器；J、K 端连在一起输入高电平（或悬空），就构成 T'触发器。转换后的触发器其触发沿和工作方式不变。

4. 设计举例

设计题目：四人智力抢答器。

设计要求：利用 74LS74 D 触发器设计供 4 人用的抢答器，用以判断抢答优先权，并可以实现如下功能。

抢答开始之前，主持人按下复位按钮，所有指示灯和数码管均熄灭。主持人宣布开始抢答后，率先抢答者对应的指示灯点亮，同时数码管显示该选手的序号。此后他人再按下各自的按钮时，电路则不起作用。

理论分析或仿真分析结果：

主持人按下控制开关，将开关置于"清零"位置，D 触发器置零，此时所有的指示灯和数码管均熄灭，选手按下按钮，指示灯和数码管均无任何反应。

主持人将开关置于"1"位置，指示灯亮，发出答题信号，此时，选手按下相应的按钮，指示灯亮，并且优先作答者对应的 74LS20 与非门的输出将封锁其他选手的信号的输出，使其按钮不发挥作用，直到主持人再次清除信号为止；进入下一个答题周期。

电路分析：

1）需要记忆功能电路，可以采用触发器构成。

2）抢答信号输出，可以利用声、光报警。

3）触发器可利用的输入端有 4 个，分别是时钟输入端 CP、触发输入端 D、异步输入端 $\overline{R}_D$ 和 $\overline{S}_D$。示例中采用的是利用时钟输入端 CP 作为抢答成功后的封锁信号，抢答成功后由于表示有人抢答成功的指示灯 L 点亮，这样便封锁了各 D 触发器的时钟信号端，其他抢答者便无法抢答了。其参考电路如图 2-21 所示。

图中利用抢答按键作为个人抢答输入端，时钟脉冲输入端 CP 作为抢答封锁信号，异步清

零端 $\overline{R}_D$ 作为主持人控制端 K。当 K 输入一负脉冲后，触发器输出端直接清零，个人指示灯和抢答成功指示灯 L 灭，并解除对抢答人的封锁。

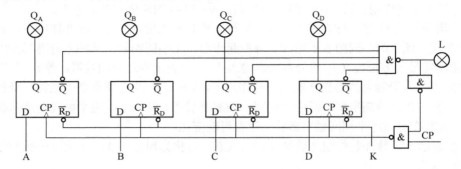

图 2-21　四人智力抢答器参考电路

5．实验设备及器件

1）操作实验所用主要设备：

名　　称	数　量	备　注
数字电子技术实验箱	1	
74LS20，74LS74，74LS112	各 1	

2）Proteus 仿真实验所用主要元器件：

	名称	符号	描述
信号源	DCLOCK		频率设为 2Hz
电源正端	POWER		—
电源接地	GROUND		—
输出	LOGICPROBE(BIG)	?	可以显示逻辑 0 或者 1
器件	74LS74，74LS112		

6．实验任务

研究下面列出的实验任务要求，除了测试 D 和 JK 触发器外，需选择三个实验任务作为本次设计实验内容，对设计方案需要完成 Proteus 仿真，并在实验箱完成操作实验。

（1）测试 74LS74 双 D 触发器的逻辑功能

将 74LS74 的 U_{CC} 端接"+5V"，GND 端接"地"。任选其中一个 D 触发器，将 $\overline{R}_D$、$\overline{S}_D$、D 分别接至实验箱的逻辑开关上，将 Q、$\overline{Q}$ 端接至实验箱的指示灯上，C 端接单次脉冲（可用开关控制）。按表 2-11 的内容验证 D 触发器的功能，并记录结果。

表 2-11　D 触发器功能表

输　　入	输　　出	
D	Q_{n+1}	$\overline{Q}_{n+1}$
0		
1		

（2）测试 74LS112 双 JK 触发器的逻辑功能

将 74LS112 的 U_{CC} 端接"+5V"，GND 端接"⊥"。任选其中一个 JK 触发器，将 $\overline{R}_D$、$\overline{S}_D$、J、K 分别接至实验箱的逻辑开关上，将 Q、$\overline{Q}$ 端接至实验箱的指示灯上，C 端接脉冲。按表 5-3 的内容验证 JK 触发器的功能，将结果填入表 2-12 中。

表 2-12　JK 触发器功能表

输　　入		输　　出	
J	K	Q_{n+1}	$\overline{Q}_{n+1}$
0	0		
0	1		
1	0		
1	1		

（3）用其他三种方法自行设计抢答器

基本要求：抢答器实现三人抢答功能，设置主持人功能来控制是否开始抢答及初始化抢答器。某人抢答成功后其他人抢答无效。

扩展要求：①增加抢答成功的状态灯；②抢答者扩展至 4 人。

变量定义：A、B、C 为抢答者信号输入端，E 为主持人控制信号输入端，Q_A、Q_B、Q_C 为抢答对应的成功信号。

实现方法：①用 74LS74 双 D 触发器及少量的门电路实现；②用 HDL 实现抢答器功能。

注意：不能采用示例设计原理。

（4）设计序列信号产生电路。

基本要求：实现能够在时钟脉冲的作用下自动产生"111100010011010"的序列码信号产生电路，要求具有自启动功能。

实现方法：①用 74LS74 双 D 触发器及少量的门电路实现；②用 HDL 实现电路功能。

7. 实验过程注意事项

具体的实验箱和 Proteus 操作方法参考附录 A 和实验 1 所讲内容，本次实验需要注意的步骤如下。

（1）采用 Proteus 进行设计电路的仿真

1）选择具有仿真功能的 D 触发器 74LS74 或 JK 触发器 74LS112，放置需要的电路元器件，进行连线。

2）输入的主持人开关和三个抢答者的控制开关由 LOGIC STATE 代替。

3）输出连接指示灯观察在主持人控制下，不同抢答顺序下的输出状态。

（2）实验箱验证电路逻辑功能

1）搭建电路，在面包板上插上本次实验所需的芯片并连线。选择自制数字实验平台上的逻辑电平开关组（拨码开关）任意 4 个分别作为主持人和 3 个抢答者的地址输入端；选择数字实验平台上的 3 个逻辑电平指示（LED）端作为 3 个抢答者的抢答成功状态，LED 灯点亮表示抢答成功。

2）拨动开关，观察 LED，分析实测数据检查设计以及电路连接是否正确。进行操作实验时，如果实验结果错误，可用探线+指示灯或者万用表根据逻辑功能检查主要的接线端的电平状态是否出现错误。

8. 实验报告要求

1）画出标准的逻辑电路图。

2）写出设计步骤与电路工作原理。

3）分析实验结果。

4）总结实验过程中出现的故障和排除故障的方法。

5）详细说明抢答过程和抢答者开关的抢答状态。

6）附上利用 Proteus 软件的仿真结果图。

9. 回答问题

1）对任务 3，比较所设计的三种抢答电路的优、缺点。

2）对设计电路中触发器未用的 $\overline{R}_D$ 端和 $\overline{S}_D$ 端应如何处理？

实验 7 集成移位寄存器及其应用

1. 实验目的

1）了解移位寄存器的电路结构和工作原理。

2）掌握中规模集成电路双向移位寄存器 74LS194 的逻辑功能和使用方法。

3）掌握 Proteus 软件在时序逻辑电路设计中的应用。

2. 实验预习要求

1）复习移位寄存器的工作原理。

2）熟悉实验中所用移位寄存器集成电路的引脚排列和逻辑功能。

3）画好实验用逻辑电路图，写出工作原理。

4）完成用 Proteus 软件设计电路并进行逻辑功能仿真。

5）完成预习报告，主要包括实验目的、实验仪器、实验任务、实验设计等。

3. 实验原理

寄存器的功能是存储二进制代码，它是由具有存储功能的触发器组合起来构成的。一个触发器可以存储 1 位二进制代码，故存放 n 位二进制代码的寄存器，需用 n 个触发器来构成。按照功能的不同，可将寄存器分为基本寄存器和移位寄存器两大类。基本寄存器只能并行送入数据，且只能并行输出。移位寄存器中的数据可以在移位脉冲作用下依次逐位右移或左移，数据既可以并行输入、并行输出，也可以串行输入、串行输出。

中规模集成移位寄存器 74LS194 是具有左右移位、清零、数据并行输入/并行输出、串行输出等多种功能的四位移位寄存器。74LS194 集成移位寄存器的逻辑符号如图 2-22 所示，功能表如表 2-13 所示。

CP 为移位脉冲输入端，上升沿有效；

$D_3 \sim D_0$ 为并行数码输入端；$Q_3 \sim Q_0$ 为并行数码输出端；

D_L、D_R 为左移、右移串行数码输入端；

S_1、S_0 为工作方式控制端；

$\overline{Cr}$ 为异步清零端，低电平有效。

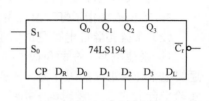

图 2-22 74LS194 逻辑符号

表 2-13   74LS194 功能表

序号	输入										输出				说明
	清零 $\overline{CR}$	时钟 CP	控制		串行输入		并行输入				Q_3	Q_2	Q_1	Q_0	功能
			S_1	S_0	D_L	D_R	D_3	D_2	D_1	D_0					
1	0	×	×	×	×	×	×	×	×	×	0	0	0	0	清 除
2	1	1	×	×	×	×	×	×	×	×	Q_3	Q_2	Q_1	Q_0	保持
3	1	↑	1	1	×	×	D_3	D_2	D_1	D_0	D_3	D_2	D_1	D_0	并行置数
4	1	↑	1	0	1	×	×	×	×	×	Q_2	Q_1	Q_0	1	串入左移
5	1	↑	1	0	0	×	×	×	×	×	Q_2	Q_1	Q_0	0	串入左移
6	1	↑	0	1	×	1	×	×	×	×	1	Q_3	Q_2	Q_1	串入右移
7	1	↑	0	1	×	0	×	×	×	×	0	Q_3	Q_2	Q_1	串入右移
8	1	↑	0	0	×	×	×	×	×	×	Q_3	Q_2	Q_1	Q_0	保持

（1）用 74LS194 构成 8 位移位寄存器

8 位移位寄存器电路如图 2-23 所示，将 74LS194（1）的 Q_3 接至 74LS194（2）的 D_R，将 74LS194（2）的 Q_0 接至 74LS194（1）的 D_L，即可构成 8 位的移位寄存器。注意：移位寄存器的清零端和置数端必须正确连接。

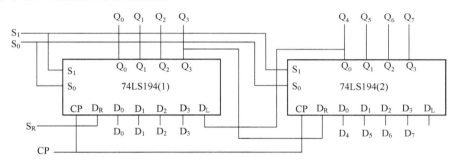

图 2-23   8 位移位寄存器

（2）74LS194 构成环形计数器

把移位寄存器的输出反馈到它的串行输入端，就可以进行循环移位，如图 2-24 所示。设初态为 $Q_3Q_2Q_1Q_0=1000$，则在 CP 作用下，模式设为右移，输出状态依次为：1000-0100-0010-1000 循环。

图 2-24 电路是一个有四个有效状态的计数器，这种类型的计数器通常称为环形计数器。同时输出端输出脉冲在时间上有先后顺序，因此也可以作为顺序脉冲发生器。

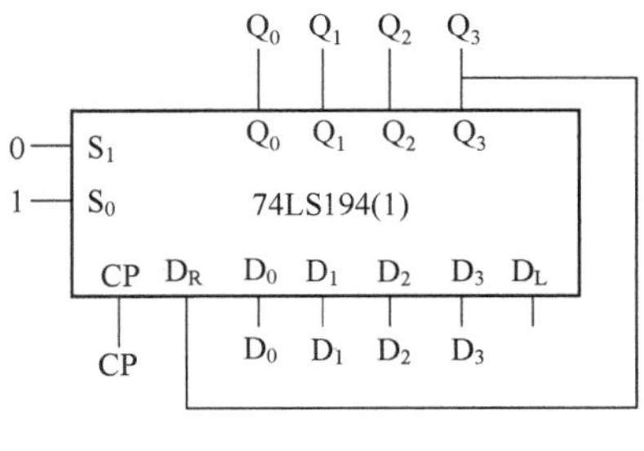

4．设计举例

设计题目：四路彩灯控制器。

设计要求：采用 74LS194 双向移位寄存器，具体要求如下。

接通电源后，彩灯可以自动按预先设置的程序循环闪烁。

设置的彩灯花型由三个节拍组成：第一节拍 四路彩灯从左向右逐次渐亮，灯亮时间

图 2-24   环形计数器

39

1s，共用 4s；第二节拍　四路彩灯从右向左逐次渐灭，也需 4s；第三节拍　四路彩灯同时亮 0.5s，然后同时变暗，进行 4 次，所需时间也为 4s。

三个节拍完成一个循环，一共需要 12s。一次循环之后重复进行闪烁。

电路分析：1）需要记忆功能电路，可以采用 D 触发器构成。

　　　　　2）74LS194 中控制左右移的控制端 S_1 和 S_0 状态相反，可以采用 D 触发器的两个互补的输出端。

　　　　　3）彩灯全部点亮后采用 D 触发器的输出端控制清零。

其参考电路如图 2-25 所示。

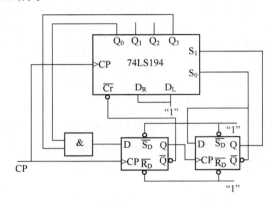

图 2-25　四位彩灯双向移动控制电路图

5. 实验设备及器件

1）操作实验所用主要设备：

名　　称	数　　量	备　　注
数字电子技术实验箱	1	
74LS194，74LS74，75LS08	各 1	

2）Proteus 仿真实验所用主要元器件：

名称		符号	描述
信号源	DCLOCK		频率设为 2Hz
电源正端	POWER		—
电源接地	GROUND		—
输出	LOGICPROBE(BIG)		可以显示逻辑 0 或者 1
器件	74LS00，74LS74，74LS194		

6. 实验任务

（1）设计八位彩灯双向移动控制电路

基本要求：

多位彩灯能从左→右及从右→左依次燃亮。

多位彩灯亮后能自动熄灭。

能自动转换移动方向。

实现方法：①用双向移位寄存器 74LS194 设计；②可以参考示例中两个 D 触发器的左右移的控制电路；③将 4 位移位寄存器扩展至 8 位移位寄存器。④用 HDL 实现电路功能。

（2）设计四位二进制数据串行加法电路（JA+JB→JC）

累加器是由移位寄存器和全加器组成的一种求和电路，它的功能是将本身寄存的数和另一个输入的数相加，并存在累加器中。

基本要求：

用一位全加器完成四位二进制数相加；被加数、加数存放于移位寄存器中，低位 Q_0 串行输出；最终和从高位 Q_3 串行输入。

实现方法：①用双向移位寄存器 74LS194、4 位全加器 74LS283、双 D 触发器 74LS74 设计；②用 HDL 实现电路功能。

（3）设计 7 位实现数据串/并转换电路

串行/并行转换器串行/并行转换是指串行输入的数据，经过转换电路之后变成并行输出；并行/串行转换是指并行输入的数据，经过转换电路之后变成串行输出。

实现方法：①采用两片 74LS194 构成的七位串行/并行转换电路或者并行/串行转换电路。②用 HDL 实现电路功能。

7．实验过程注意事项

实验采用 Proteus 和实验箱接线两种方法验证设计结果，注意事项如下。

（1）仿真要求设计要求

1）在 Proteus 仿真平台，选用数字时钟信号（DClock）作为频率源，频率设为 2Hz。

2）采用指示灯和逻辑分析仪观察不同输入地址下的输出数据，记录一个周期内的准确波形。

3）选择具有仿真功能的数字器件移位寄存器 74LS194，D 触发器 74LS74 以及其他组合电路器件。

（2）实验箱验证电路逻辑功能

1）搭建电路：在面包板上插上本次实验所需的芯片，并连线。选择任意 1 个，自制数字实验平台上的逻辑电平开关组（拨码开关）作为手动时钟输入端，也可选择实验箱上的可调式时钟脉冲输出端，并调节脉冲频率>100Hz；选择数字实验平台上的 8 个逻辑电平指示（LED）端作为输出的彩灯。

2）为保证接线正确及器件的检查，应当先实现单个移位寄存器的双向移位功能，然后扩展为 8 位的双向彩灯移位效果。

进行操作实验时，如果实验结果错误，可用探线+指示灯或者万用表根据逻辑功能检查主要的接线端的电平状态是否出现错误。

8．实验报告要求

1）画出标准的逻辑电路图。

2）写出设计步骤与电路工作原理。

3）总结实验过程中出现的故障和排除故障的方法等。

4）回答实验教材和实验过程中老师提出的问题。

5）附上利用 Proteus 软件的仿真结果图。

9．回答问题

1）在八位彩灯控制电路中一个完整周期需要几个 CP？

2）在你设计的电路中 CP8、CP9、CP10、CP11 的作用各是什么？

3）CP 脉冲和逻辑分析仪如何配合使用，应注意什么？

4）在四位二进制数串行加法控制电路中得到两数之和需几个 CP，而后又在几个 CP 作用下使结果为 0，为什么？

5）如果设计的电路改变成相反的移动方向，两数之和的低位从 $Q_0 \sim Q_3$ 哪个端输出？

实验 8　计数、译码、显示电路

1．实验目的

1）熟悉数字电路计数、译码及显示过程。

2）熟悉中规模集成计数器的结构与工作原理。

3）掌握利用异步集成计数器电路构成任意进制计数器的方法。

4）掌握 Proteus 软件在时序逻辑电路设计中的应用。

2．实验预习要求

1）复习计数器、显示译码器的工作原理。

2）设计六十及二十四进制级联的计数电路。

3）熟悉实验中所用集成电路的引脚排列和逻辑功能。

4）完成用 Proteus 软件设计电路并进行逻辑功能仿真。

5）完成预习报告，主要包括实验目的、实验仪器、实验任务、实验设计等。

3．实验原理

计数、译码、显示电路是由计数器、译码器和显示器三部分电路组成的逻辑电路。计数、译码、七段字形显示电路的原理框图如图 2-26 所示。下面分别加以介绍。

（1）显示器

因为计算机输出的是 BCD 码，要在数码管上显示十进制数，就必须先把 BCD 码转换成七段字形数码管所要求的代码。把能够将计算机输出的 BCD 码换成七段字形代码，并使数码管显示出十进制数的电路称为"七段字形译码器"。实验中显示器采用七段发光二极管显示器，它可直接显示出译码器输出的十进制数。七段发光显示器有共阳接法和共阴接法两种：共阳接法就是把发光二极管的阳极都接在一个公共点（＋5V），配套的译码器为 74LS46、74LS47 等；共阴接法则相反，它是把发光二极管的阴极都连在一起（接地），配套的译码器为 CD4511、74LS48 等。七段显示器的外引线排列图如图 2-27 所示。

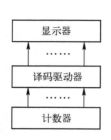

图 2-26　计数、译码、显示电路原理框图

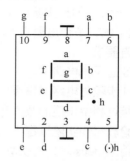

图 2-27　七段显示器的外引线排列图

（2）译码器

译码器选用中规模集成七段译码/驱动器 74LS48。74LS48 芯片是一种常用的七段数码管译码器驱动器，常用在各种数字电路和单片机系统的显示系统中。74LS48 是输出高电平有效的译码器，除了有实现⑦段显示译码器基本功能的输入（DCBA）和输出（Ya～Yg）端外，7448 还引入了灯测试输入端（LT）和动态灭零输入端（RBI），以及既有输入功能又有输出功能的消隐输入/动态灭零输出（BI/RBO）端。

（3）计数器

计数器是一种中规模集成电路，其种类有很多。如果按照触发器翻转的次序分类，可分为同步计数器和异步计数器两种；如果按照计数数字的增减可分为加法计数器、减法计数器和可逆计数器三种；如果按照计数器进位规律又可分为二进制计数器、十进制计数器、可编程 N 进制计数器等多种。

1）异步集成计数器 74LS290

74LS290 是二—五—十异步计数器，逻辑符号如图 2-28 所示，功能见表 2-14。

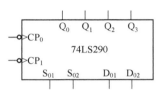

图 2-28　74LS290 逻辑符号

其内部有两个独立的计数器，即模 2 计数器和模 5 计数器；分别由两个时钟脉冲输入端 CP_1 和 CP_2 控制。异步清 0 端 R_{01}、R_{02} 和置 9 端 S_{01}、S_{02} 为两个计数器公用，高电平有效。

表 2-14　74LS290 功能表

输　　　入					输　　出			
R_{01}	R_{02}	S_{01}	S_{02}	CP	Q_3	Q_2	Q_1	Q_0
1	1	0	×	×	0	0	0	0
1	1	×	0	×	0	0	0	0
×	×	1	1	×	1	0	0	1
0	×	0	×	↓	计　数			
×	0	0	×	↓	计　数			
0	×	×	0	↓	计　数			
×	0	×	0	↓	计　数			

① 异步清零功能：当清零端 $R_{01}=R_{02}=1$，$S_{01}=0$，或 $S_{02}=0$ 时，计数器清零，$Q_3Q_2Q_1Q_0=0000$。

② 异步置 9 功能：当置 9 端 $S_{01}=S_{02}=1$ 时，$Q_3Q_2Q_1Q_0=1001$。

③ 当 $R_{01}=R_{02}=0$，$S_{01}=S_{02}=0$ 时，在 CP 下降沿作用下实现加计数。

④ 计数脉冲从 CP_1 输入，Q_0 输出，则构成一位二进制计数器。

⑤ 计数脉冲从 CP_2 输入，Q_3 Q_2 Q_1 输出，则构成异步五进制计数器。

⑥ 如果将 Q_0 和 CP_2 相连接，脉冲从 CP1 输入，输出为 Q_3 $Q_2Q_1Q_0$ 时，则构成 8421BCD 码异步十进制计数器。

2）同步集成计数器 74LS160

74LS160 的逻辑符号如图 2-29 所示，图中 E_T、E_P 是工作状态控制端，$\overline{Cr}$ 为清零控制端，$\overline{LD}$ 是预置数控制端，D_3、D_2、

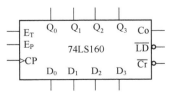

图 2-29　74LS160 逻辑符号

D_1、D_0 是输入端，Q_3、Q_2、Q_1、Q_0 是状态输出端，Co 是进位输出端，CP 是计数脉冲输入端。功能表见表 2-15。

表 2-15　74LS160 功能表

CP	$\overline{Cr}$	$\overline{LD}$	E_T E_P	工作状态
×	0	×	× ×	清零
↑	1	0	× ×	预置数
×	1	1	1 0	保持（包括 C 的状态）
×	1	1	0 ×	保持（C=0）
↑	1	1	① 1	计数

② 异步清零：当 $\overline{Cr}=0$ 时，立即清零，即 $Q_3=Q_2=Q_1=Q_0=0$，与 CP 无关。

② 同步预置：当 $\overline{LD}=0$，而 $\overline{Cr}=1$ 时，在预置输入端预置某个数据，在 CP 由 0 变 1 时，将预置数 D_3、D_2、D_1、D_0 送入计数器。

③ 保持：当 $\overline{LD}=\overline{Cr}=1$ 时，只要 E_T、E_P 有 0，就会使输出保持不变。即 $Q_1^{n+1}=Q_1^n$，$Q_2^{n+1}=Q_2^n$，$Q_3^{n+1}=Q_3^n$，$Q_4^{n+1}=Q_4^n$，且当 $E_P=0$、$E_T=1$ 时，输出信号 Co 的状态也保持不变；当 $E_T=0$ 时，无论 EP 为何种状态，Co 一定为 0。

④ 计数：当 $\overline{LD}=\overline{Cr}=1$、$E_T=E_P=1$ 时，工作在计数状态。由 $Q_3Q_2Q_1Q_0=0000\rightarrow0001\cdots\rightarrow1001$。

3）利用集成计数器芯片构成任意 N 进制计数器

在数字集成电路中有许多型号的计数器产品，可以用这些数字集成电路来实现所需的计数功能和时序逻辑功能。在设计时序逻辑电路时有两种方法，一种为反馈清零法，另一种为反馈置数法。

① 反馈清零法

反馈清零法将反馈逻辑电路产生的信号送到计数电路的清零端，在满足条件时，计数电路输出状态为给定的二进制码。反馈清零法的逻辑框图如图 2-30 所示。

② 反馈置数法

反馈置数法将反馈逻辑电路产生的信号送到计数电路的置位端，在满足条件时，计数电路输出状态为给定的二进制码。反馈置数法的逻辑框图如图 2-31 所示。

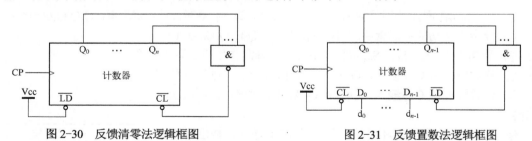

图 2-30　反馈清零法逻辑框图　　　　图 2-31　反馈置数法逻辑框图

在时序电路设计中，以上两种方法有时可以并用。

4．设计举例

（1）七进制计数器

设计要求：用 74LS290 计数器设计

电路分析：首先，将 74LS290 的 CP_1 端与 Q_0 端相接，使它组成 8421BCD 码十进制计数器。其次，七进制计数器有 7 个有效状态 0000～0110，可由十进制计数器采用一定的方法使它跳越 3 个无效状态 0111～1001 而实现七进制计数，如图 2-32 所示。

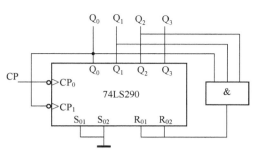

图 2-32　七进制计数电路

（2）六十进制计数器

1）方案 1

设计要求：用 74LS290 计数器设计异步计数器

电路分析：计数脉冲由个位的 CP_0 端加入，个位的 Q_3 接十位的 CP_0，十位的 Q_2、Q_1 分别与两片 74LS290 的 R_0 端相接，如图 2-33 所示。当个位计数器每计满 10 个计数脉冲时，由 Q_3 输出一个进位脉冲，其下降沿触发十位计数器进行计数。当十位计数器计到 6 时，其状态为 0110，于是又将十位计数器清零，即 $Q_3 Q_2 Q_1 Q_0 = 0000$，此时个位计数器也处于 0000 状态，从而实现了六十进制计数。

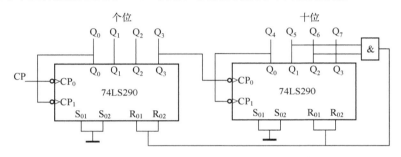

图 2-33　74LS290 组成的六十进制计数电路

2）方案 2

设计要求：用 74LS161 计数器设计异步计数器

电路分析：计数脉冲由个位的 CP 端加入，个位的进位输出 Co 通过非门接十位的时钟端，十位的 Q_2、Q_1 分别与两片 74LS161 的 $\overline{C_r}$ 端相接，如图 2-34 所示。当个位计数器每计数到第 9 个计数脉冲时，由 Co 输出高电平，当第 10 个脉冲到来时，Co 端经过非门后将产生上升沿信号，则十位的 74LS160 开始计数。

当十位计数器计到 6 时，其状态为 0110，于是又将十位计数器清零，即 $Q_3 Q_2 Q_1 Q_0 = 0000$，此时个位计数器也处于 0000 状态，从而实现了六十进制计数。

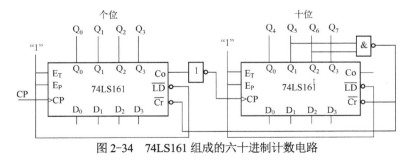

图 2-34　74LS161 组成的六十进制计数电路

5. 实验设备及器件

操作实验所用主要设备：

名　　称	数　量	备　注
数字电子技术实验箱	1	
74LS290，74LS48，75LS08，74LS00，74LS160	各 1	

Proteus 仿真实验所用主要元器件：

名称		符号	描述
信号源	DCLOCK	⌐⊿⊓⊔	时钟频率，可调整频率以测试时钟的设计
电源正端	POWER	⊳	—
电源接地	GROUND	⏚	—
输出	7SEG-BCD	▢▢	4 位地址的 7 段 LED 显示管
器件		74LS290，74LS48，75LS08，74LS00，74LS160	

6. 实验任务

（1）设计六十进制、二十四进制同步计数器电路

基本要求：设计的计数器为同步计数器。

设计提示：计数器通常有两种功能，即计数和置 1，通过分析计数器的功能表和计数器状态表，得出计数器是否是同步计数和异步计数；并且利用计数器的同步置数端来实现。

（2）简易数字钟设计（含计数、译码、显示电路）

基本要求：所设计的数字钟含有分钟及小时（12 小时制）计时的基本功能。

扩展要求：1）设计秒脉冲信号源。

2）增加小时和分钟快速校时功能。

3）增加整点报时功能。

4）增加闹钟（定时）功能。

以上设计要求的共同实现方法：①采用 74LS290 和 74LS160 计数器芯片及少量的集成门电路设计；②需要根据实验室实际提供的计数器芯片适时修改预先设计的电路；③用 HDL 实现电路功能。

7. 实验过程注意事项

具体的实验箱和 Proteus 操作方法参考附录 A 和实验 1 所讲内容，本次实验需要注意的步骤如下。

（1）仿真要求设计要求

1）在 Proteus 仿真平台，选用数字时钟信号（DClock）作为频率源，调整频率以检查各个时段的显示情况。

2）采用名称为 "7SEG-BCD" 的 4 位 BCD 码输入的 7 段 LED 显示器。

3）选择具有仿真功能的数字器件 74LS 系列的时序及组合电路器件。

（2）实验箱验证电路逻辑功能

1）搭建电路；在面包板上插上本次实验所需的芯片并连线。选择数字实验平台上的可调式时钟脉冲输出端，并调节脉冲频率至能准确分辨输出数字；选择数字实验平台上的两个 4 位

输入端的 LED 数码管作为输出。

2）为保证接线正确及器件的检查，应当先实现单个计数器的计数功能，然后再扩展计数器。

3）调节脉冲频率，观察显示器，分析实测数据，检查设计以及电路连接是否正确。

进行操作实验时，如果实验结果错误，可用探线+指示灯或者万用表根据逻辑功能检查主要的接线端的电平状态是否出现错误。

8. 实验报告要求

1）写出设计步骤与电路工作原理。

2）分析实验结果，总结实验过程中出现的故障和排除故障的方法。

3）回答实验教材和实验过程中老师提出的问题。

4）附上利用 Proteus 软件的仿真结果图。

9. 回答问题

1）利用 74LS290 实现六十进制计数电路，进行异步清 0 时，有时回到 00，而有时会出现 40，为什么？采用什么方法可有效消除该现象？

2）某一同学设计简易数字钟电路，将显示器的 8 端悬空，3 端通过限流电阻接地，这种做法对吗？请说明原因。

3）分析使用 74LS160 异步复位实现任意进制计数器与 74LS290 的异同点。

实验 9　555 定时器及应用

1. 实验目的

1）熟悉单稳态触发器、多谐振荡器、施密特触发器的工作原理。

2）了解 555 定时器的结构与工作原理。

3）掌握 Proteus 软件在由 555 定时器构成的时序逻辑电路设计中的应用。

2. 实验预习要求

1）复习 555 的工作原理。

2）设计单稳态触发器 R=1kΩ，C=2.2μF、多谐振荡器 R_1=1kΩ、R_2=1kΩ、可调电阻 1kΩ，C=2.2μF、施密特触发器电路电源电压 V_{CC}= +12V，V_{CO}=6V。

3）熟悉实验中所用集成电路的引脚排列和逻辑功能。

4）完成用 Proteus 软件设计电路并进行逻辑功能仿真。

5）完成预习报告，主要包括实验目的、实验仪器、实验任务、实验设计等。

3. 实验原理

（1）基本组成

555 集成时基电路称为集成定时器，是一种数字、模拟混合型的中规模集成电路，其应用十分广泛。该电路使用灵活、方便，只需外接少量的阻容元件就可以构成单稳、多谐和施密特触发器，因而广泛用于信号的产生、变换、控制与检测。它的内部电压标准使用了三个 5kΩ 的电阻，故取名 555 电路。其电路类型有双极型和 CMOS 型两大类，两者的工作原理和结构相似。几乎所有的双极型产品型号最后的三位数码都是 555 或 556；所有的 CMOS 产品型号最后四位数码都是 7555 或 7556，两者的逻辑功能和引脚排列完全相同，易于互换。555 和 7555 是单定时器，556 和 7556 是双定时器。双极型的电压是+5V～+15V，输出的最大电流可达 200mA，CMOS 型的电源电压是+3V～+18V。555 电路的简化结构图如图 2-35a 所示，外引脚排列如图 2-35b 所示。它的内部主要由一个分压器、两个电压比数器、一个基本 RS 触发器、一个作为放电通路的晶体管和输出驱动电路组成。

1）分压器：由 3 个 5kΩ 的精密电阻组成，它为两个比较器 A 和 B 提供基准电平，分别为 $UREF_1 = \frac{2}{3}V_{CC}$ 和 $UREF_2 = \frac{1}{3}V_{CC}$。改变 5 脚的接法可改变 A、B 两比较器的基准电平的大小。

2）比较器：比较器 A、B 是两个结构完全相同的高精度电压比较器，比较器 A、B 的输出直接控制基本 RS 触发器的动作。

3）基本 RS 触发器：根据基本 RS 触发器的工作原理，就可以决定触发器输出端的状态。

开关放电晶体管和推挽式输出结构：包含作为集电极开路使用的放电晶体管 T 和提高带负载能力的推挽式输出结构。

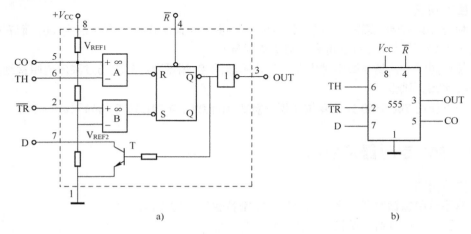

图 2-35　555 的简化结构图

a）555 电路的简化结构图　b）555 外引脚排列

（2）功能表

综上所述，根据图 2-35a 所示电路结构，可以很容易得到 555 电路的功能表，见表 2-16。

表 2-16　5G555 的功能表

输　　入					输　　出	
R 端	$\overline{TH}$		$\overline{TR}$		OUT 端	放电管 T
0	×		×		0	导通
1	$\geq \frac{2}{3}V_{CC}$	1	$\geq \frac{1}{3}V_{CC}$	1	0	导通
1	$< \frac{2}{3}V_{CC}$	0	$< \frac{1}{3}V_{CC}$	0	1	截止
1	$< \frac{2}{3}V_{CC}$	0	$\geq \frac{1}{3}V_{CC}$	1	不变	不变

（3）555 定时器的三种工作模式

1）单稳态模式

在单稳态工作模式下，555 定时器作为单次触发脉冲发生器工作，单稳态触发器结构如图 2-36 所示。当触发输入电压降至 V_{CC} 的 1/3 时开始输出脉冲。输出的脉宽取决于由定时电阻与电容组成的 RC 网络的时间常数。当电容电压升至 V_{CC} 的 2/3 时输出脉冲停止。根据实际需要可通过改变 RC 网络的时间常数来调节脉宽。

输出脉宽 t, 即电容电压充至 V_{CC} 的 2/3 所需要的时间为 $t_w=1.1RC$。

虽然一般认为当电容电压充至 V_{CC} 的 2/3 时电容通过开路门瞬间放电, 但是实际上放电完毕仍需要一段时间, 这一段时间被称为"弛豫时间"。在实际应用中, 触发源的周期必须要大于弛豫时间与脉宽之和（实际上在工程应用中是远大于）。

2）双稳态模式

双稳态工作模式下的 555 芯片类似基本 RS 触发器, 其结构如图 2-37 所示。在这一模式下, 触发引脚（引脚 2）和复位引脚（引脚 4）通过上拉电阻接至高电平, 阈值引脚（引脚 6）被直接接地, 控制引脚（引脚 5）通过小电容（0.01 到 0.1μF）接地, 放电引脚（引脚 7）浮空。所以当引脚 2 输入高（有误应为低）电压时输出置位, 当引脚 4 接地时输出复位。

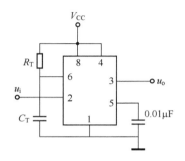

图 2-36　单稳态触发器结构

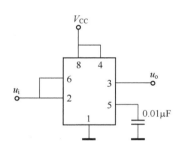

图 2-37　双稳态触发器结构

3）无稳态模式

无稳态工作模式下 555 定时器可输出连续的特定频率的方波, 无稳态触发结构如图 2-38 所示。电阻 R_1 接在 V_{CC} 与放电引脚（引脚 7）之间, 另一个电阻（R_2）接在引脚 7 与触发引脚（引脚 2）之间, 引脚 2 与阈值引脚（引脚 6）短接。工作时电容通过 R_1 与 R_2 充电至 $2/3V_{CC}$, 然后输出电压翻转, 电容通过 R_2 放电至 $1/3V_{CC}$, 之后电容重新充电, 输出电压再次翻转。

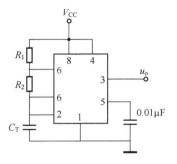

对于双极型 555 而言, 若使用很小的 R_1 会造成开路门在放电时达到饱和, 使输出波形的低电平时间远大于上面计算的结果。为获得占空比小于 50% 的矩形波, 可以通过给 R_2 并联一个二极管实现。这一二极管在充电时导通, R_2 短路, 使得电源仅

图 2-38　无稳态触发器结构

通过 R_1 为电容充电; 而在放电时截止以达到减小充电时间降低占空比的效果。

4. 实验设备及器件

1）操作实验所用主要设备:

名　　称	数　量	备　注
数字电子技术实验箱	1	
555 集成芯片	1	
电阻电容	若干	

2）Proteus 仿真实验所用主要元器件：

名称	符号		描述
电源正端	POWER	▷—	—
电源接地	GROUND	⊥	—
电阻	RES	▭	—
滑动变阻器	POT-HG		点旁边的两个红箭头就可以调节电阻值的大小
电容	CAP	‖	—
输出	SPEAKER		可以显示逻辑 0 或者 1
器件	NE555		

5．实验任务

（1）自行设计单稳态触发器、多谐振荡器、施密特触发器。

（2）模拟声响电路

基本要求：用两片 555 定时器构成两个多谐振荡器。调节定时元件，使振荡器Ⅰ振荡频率较低，并将其输出（引脚 3）接到高频振荡器Ⅱ的电压控制端（引脚 5）。则当振荡器Ⅰ输出高电平时，振荡器Ⅱ的振荡频率较低。当振荡器Ⅰ输出低电平时，振荡器Ⅱ的振荡频率高。从而使Ⅱ的输出端（引脚 3）所接的喇叭发出"嘟、嘟……"的间歇响声。

6．实验过程注意事项

（1）仿真要求设计要求

具体的 Proteus 操作方法参考附录 A 所讲内容，本次仿真实验需要注意的是选择具有仿真功能的 555 或 NE555，放置需要的电路元器件，进行连线。

（2）实验箱验证电路逻辑功能

1）搭建电路：在面包板上插上本次实验所需的 555 芯片，查找选用的电容、电阻并连线。采用喇叭或者示波器检查输出频率是否符合设计要求。

2）用直流稳压电源提供+5V 电压（用万用表测），接入电路（注意地线也需接入）。

3）正确给定 555 集成电路的电源电压大小和电源极性，注意集成门电路多余输入端的正确处理，注意保护实验箱。

4）调节滑动变阻器，观察示波器或听取喇叭声音，分析实测数据，检查设计以及电路连接是否正确。

5）记录数据（记录在实验数据记录纸上）。

进行操作实验时，如果实验结果错误，可用探线+指示灯或者万用表根据逻辑功能检查主要的接线端的电平状态是否出现错误。

7．实验报告要求

1）写出设计步骤与电路工作原理。

2）分析实验结果。

3）计算单稳态触发器的暂态时间 t_W，多谐振荡器的周期 T，施密特触发器电路回差电压为 ΔU_T。

4）总结实验过程中出现的故障和排除故障的方法。

5）附上利用 Proteus 软件的仿真结果图。

实验 10　A/D 和 D/A 转换器

1．实验目的
1）了解 D/A、A/D 转换器的基本结构和工作原理。
2）熟悉集成 D/A 和 A/D 转换器的功能及其应用。
3）掌握 Proteus 软件在时序逻辑电路设计中的应用。

2．实验预习要求
1）复习大规模集成电路 ADC0809 芯片的结构和工作原理。
2）复习大规模集成电路 DAC0832 芯片的结构和工作原理。
3）画出实验任务 3 的 ADC0809 和 DAC0832 相互连接部分的线路图。
4）完成用 Proteus 软件设计电路并进行逻辑功能仿真。

3．实验原理
在数字电子技术的很多应用场合往往需要把模拟量转换为数字量，称为模/数转换器（A/D 转换器，简称 ADC）；或把数字量转换成模拟量，称为数/模转换器（D/A 转换器，简称 DAC）。完成这种转换的线路有多种，特别是单片大规模集成 A/D、D/A 转换器问世，为实现上述的转换提供了极大的方便。使用者可借助于手册提供的器件性能指标及典型应用电路，即可正确使用这些器件。本实验将采用大规模集成电路 ADC0809 实现 A/D 转换，用 DAC0832 实现 D/A 转换。

（1）模/数转换器（ADC）的基本原理

模拟信号转换为数字信号，一般分为四个步骤进行，即取样、保持、量化和编码。前两个步骤在取样-保持电路中完成，后两步骤则在 ADC 中完成。

常用的 ADC 有积分型、逐次逼近型、并行比较型/串并行比较型、Σ-Δ 调制型、电容阵列逐次比较型及压频变换型，其基本原理及特点如下。

1）积分型（如 TLC7135）。积分型 ADC 工作原理是将输入电压转换成时间或频率，然后由定时器/计数器获得数字值。其优点是用简单电路就能获得高分辨率，但缺点是由于转换精度依赖于积分时间，因此转换速率极低。初期的单片 ADC 大多采用积分型，现在逐次比较型已逐步成为主流。双积分是一种常用的 A/D 转换技术，具有精度高、抗干扰能力强等优点。但高精度的双积分 A/D 芯片价格较贵，增加了单片机系统的成本。

2）逐次逼近型（如 TLC0831）。逐次逼近型 A/D 由一个比较器和 D/A 转换器通过逐次比较逻辑构成，从 MSB 开始，顺序地对每一位将输入电压与内置 D/A 转换器输出进行比较，经 n 次比较而输出数字值。其电路规模属于中等。其优点是速度较高、功耗低，在低分辨率（<12 位）时价格便宜，但高精度（>12 位）时价格很高。

3）并行比较型/串并行比较型（如 TLC5510）。并行比较型 A/D 采用多个比较器，仅做一次比较而实行转换，又称 Flash 型。由于转换速率极高，n 位的转换需要 $2n-1$ 个比较器，因此电路规模也极大，价格也高，只适用于视频 A/D 转换器等速度特别高的领域。串并行比较型 A/D 结构上介于并行型和逐次比较型之间，最典型的是由 2 个 $n/2$ 位的并行型 A/D 转换器配合 D/A 转换器组成，用两次比较实行转换，所以称为 HalfFlash 型。

（2）数/模转换器（DAC）的基本原理

DAC 的内部电路构成无太大差异，一般按输出是电流还是电压、能否作乘法运算等进行分类。大多数 DAC 由电阻阵列和 n 个电流开关（或电压开关）构成。按数字输入值切换开关，产生与输入数字量成正比的电流（或电压）。此外，也有为了改善精度而把恒流源放入器件内部的。DAC 分为电压型和电流型两大类，电压型 DAC 有权电阻网络、T 形电阻网络和树形开关网络等；电流型 DAC 有权电流型电阻网络和倒 T 形电阻网络等。

1）电压输出型（如 TLC5620）：电压输出型 DAC 虽有直接从电阻阵列输出电压的，但一般采用内置输出放大器以低阻抗输出。直接输出电压的器件仅用于高阻抗负载，由于无输出放大器部分的延迟，故常作为高速 DAC 使用。

2）电流输出型（如 THS5661A）：电流输出型 DAC 很少直接利用电流输出，大多外接电流-电压转换电路得到电压输出，后者有两种方法：一是只在输出引脚上接负载电阻而进行电流-电压转换；二是外接运算放大器。

3）乘算型（如 AD7533）：DAC 中有使用恒定基准电压的，也有在基准电压输入上加交流信号的，后者由于能得到数字输入和基准电压输入相乘的结果而输出，因而称为乘算型 DAC。乘算型 DAC 一般不仅可以进行乘法运算，而且可以作为使输入信号数字化衰减的衰减器及对输入信号进行调制的调制器使用。

4）一位 DAC：一位 DAC 与前述转换方式全然不同，它将数字值转换为脉冲宽度调制或频率调制的输出，然后用数字滤波器进行平均从而得到一般的电压输出，用于音频等场合。

（3）集成 ADC0809 转换器

ADC0809 是带有 8 位 A/D 转换器、8 路多路开关以及微处理机兼容的控制逻辑的 CMOS 组件。它是逐次逼近式 A/D 转换器，可以和单片机直接接口。

1）ADC0809 应用说明：ADC0809 内部带有输出锁存器，可以与 AT89S51 单片机直接相连；初始化时，使 ST 和 OE 信号全为低电平；送要转换的哪一通道的地址到 A、B、C 端口上；在 ST 端给出一个至少有 100ns 宽的正脉冲信号；根据 EOC 信号来判断是否转换完毕；当 EOC 变为高电平时，这时给 OE 为高电平，转换的数据就输出给单片机了。

2）ADC0809 的内部结构：ADC0809 是采用 CMOS 工艺制成的单片 8 位 8 通道逐次逼近型模/数转换器，其逻辑框图及引脚排列如图 2-39 所示。器件的核心部分是 8 位 A/D 转换器，它由比较器、逐次逼近寄存器、D/A 转换器及控制和定时 5 部分组成。

（4）集成 DAC0832 转换器

DAC0832 是 8 位分辨率的 D/A 转换集成芯片，其明显特点是与微机连接简单、转换控制方便、价格低廉等，在微机系统中得到了广泛的应用。D/A 转换器的输出一般都要接运算放大器，微小信号经放大后才能驱动执行机构的部件。

DAC0832 为 CMOS 型 8 位数/模转换器，内部具有双数据锁存器，且输入电平与 TTL 电平兼容，所以能与 8080、8085、Z-80 及其他微处理器直接对接，也可以按设计要求添加必要的集成电路块而构成一个能独立工作的数/模转换器。

4. 设计举例

设计题目：DAC 用作单极性电压输出

设计过程：DAC0832 是 8 位的电流输出型数/模转换器，为了把电流输出变成电压输出，可在数/模转换器的输出端接一运算放大器（LM324），输出电压 U_o 的大小由反馈电阻 R_f 决定，整个线路见图 2-40。图中 U_{REF} 接 5V 电源。

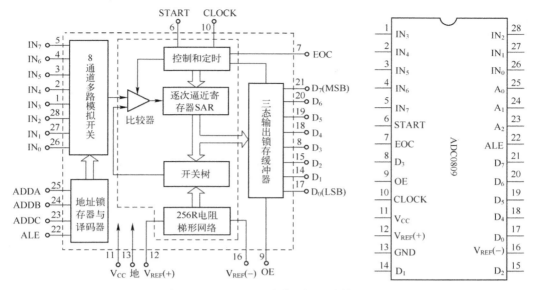

图 2-39 ADC0809 逻辑框图及引脚排列图

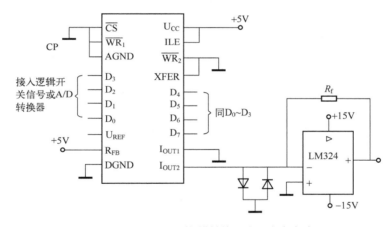

图 2-40 DAC0832 数/模转换器应用参考电路

若把一个模拟量经模/数转换后再经数/模转换，那么在输出端就能获得原模拟量或放大了的模拟量（取决于反馈电阻 R_f）。同理若在模/数转换器的输入端加一方波信号，经模/数转换后再经数/模转换，则在数/模转换器的输出端就可得到经二次转换后的方波信号。

5．实验设备及器件

1）操作实验所用主要设备：

名　　称	数　　量	设备编号
数字电子技术实验箱	1	
示波器	1	
函数发生器及数字频率计	1	
数字万用表	1	
元器件　ADC0809　DAC0832	各1	

2）Proteus 仿真实验所用主要元器件：

名　称		符　号	描　述
信号源	DCLOCK		ADC0809 时钟频率，一般设为 640kHz。
电源正端	POWER		—
电源接地	GROUND		—
直流电压表	DC VOLTMETER		测量输出电压
示波器	OSCILLOSCOPE		测量输入输出信号
器件			ADC0809 DAC0832

6. 实验任务

研究下列列出的前三个实验任务要求，选择两个作为本次设计实验内容，对设计的实验进行 Proteus 仿真，选取一个方案在实验箱完成操作实验，思考用 HDL 实现电路功能。

（1）A/D 转换器实验

基本要求：采用 ADC0809 设计对模拟信号的转换电路，并测试转换效果。

实现方法：

1）八路输入模拟信号 1～4.5V，由+5V 电源经电阻 R 分压组成；变换结果 D_0～D_7 接逻辑电平显示器（LED）输入插口，CP 时钟脉冲由计数脉冲源提供，取 f=100kHz；A0～A2 地址端接逻辑电平（指拨开关）输出插口。

2）接通电源后，在启动端（START）加一正单次脉冲（按钮式），下降沿一到即开始A/D 转换。

3）按表 2-17 的要求观察，记录 IN_0～IN_7 八路模拟信号的转换结果，并将转换结果换算成十进制数字表示的电压值，并与数字电压表实测的各路输入电压值进行比较，分析误差原因。

表 2-17　ADC0809 实验记录表

被选模拟通道 IN	输入模拟量/V		地址			输 出 数 字 量								十进制
	理论	实测	A_2	A_1	A_0	D_7	D_6	D_5	D_4	D_3	D_2	D_1	D_0	
IN_0	4.5		0	0	0									
IN_1	4.0		0	0	1									
IN_2	3.5		0	1	0									
IN_3	3.0		0	1	1									
IN_4	2.5		1	0	0									
IN_5	2.0		1	0	1									
IN_6	1.5		1	1	0									
IN_7	1.0		1	1	1									

（2）D/A 转换器实验—DAC0832

基本要求：采用 DAC0832 设计对模拟信号的转换电路，并测试转换效果。

实现方法：输入数字量由板上逻辑开关提供，输出 U_o 用数字万用表测量。输出的模拟量

U_o 记入表 2-18 中。

表 2-18　DAC0832 实验记录表

输入数字量								输出模拟量 U_o/V
D_7	D_6	D_5	D_4	D_3	D_2	D_1	D_0	V_{CC}=+5V
0	0	0	0	0	0	0	0	
0	0	0	0	0	0	0	1	
0	0	0	0	0	0	1	0	
0	0	0	0	0	1	0	0	
0	0	0	0	1	0	0	0	
0	0	0	1	0	0	0	0	
0	0	1	0	0	0	0	0	
0	1	0	0	0	0	0	0	
1	0	0	0	0	0	0	0	
1	1	1	1	1	1	1	1	

（3）将模/数转换器的输出作为数/模转换的输入，按预习报告 3 中的自拟线路图把两个转换器串起来。使输入模拟量 U_i 从 0～最大值变化，测量相应的 U_i、U_o 记入表 2-19。

表 2-19　模/数和数/模转换连接表

模/数和数/模转换连接	
输入模拟量 U_i	输出模拟量 U_o

（4）拆除 0～5V 可调电压的输入模拟量，改用方波信号 u_i，频率调至 200Hz 左右，用示波器观察 u_o 波形，记录 u_i、u_o 波形于表 2-20 中。

表 2-20　模/数转换和数/模转换连接

模/数转换和数/模转换连接	
输入方波波形 u_i	输出方波波形 u_o

7. 实验过程注意事项

实验采用 Proteus 和实验箱接线两种方法验证设计结果，注意事项如下。

（1）仿真要求设计要求

具体的 Proteus 操作方法参考附录 A 所讲内容，本次仿真实验需要注意的一般步骤如下。

1）在 Proteus 仿真平台，选用数字时钟信号（DClock）作为频率源，调整频率以检查各个时段的显示情况。

2）选择数字器件 ADC0809 或 DAC0832。

3）以截屏或者拍照方式记录实验结果。

（2）实验箱验证电路逻辑功能

1）用直流稳压电源提供+5V 电压（用万用表测），接入电路（注意地线也需接入）。

2）为保证接线正确及器件的检查，应当先实现检查单个 A/D 或 D/A 器件功能。

3）调节输入信号的电压，观察示波器及万用表，分析实测数据，检查设计以及电路连接是否正确。

进行操作实验时，如果实验结果错误，可用探线+指示灯或者万用表根据逻辑功能检查主要的接线端的电平状态是否出现错误。

8．实验报告要求

1）写出设计步骤与电路工作原理。

2）分析实验结果，总结实验过程中出现的故障和排除故障的方法。

3）回答实验教材和实验过程中老师提出的问题。

4）按实验表格列表整理测量结果，并分析实验数据。

5）分别分析和讨论 ADC 和 DAC 实验过程中出现的问题。

9．回答问题

1）根据实验的体会，比较模拟量与数字量各有何优缺点？为何需要进行两者的互相转换？

2）ADC 和 DAC 转换器中都有寄存器，寄存器与锁存器是一种器件吗？在转换器中采用的目的是什么？

第3章 基于EDA的数字电路设计与仿真下载实验

实验1 简单逻辑电路设计与仿真

1. 实验目的
1）学习并掌握 Quartus II EDA 实验开发系统的基本操作。
2）学习在 Quartus II 环境下设计简单逻辑电路与功能仿真的方法。
3）掌握一位半加器的图形编辑输入设计方法，掌握模块化的设计方法。

2. 实验预习要求
1）复习数字电子技术教材中半加器及其实现全加器的相关内容。
2）阅读并熟悉本次实验的内容。
3）用图形编辑输入方式完成电路设计。
4）基于门级电路设计一位半加器，利用一位半加器设计一位全加器。

3. 实验内容及参考实验步骤
（1）利用图形编辑输入法设计并调试好一个一位二进制全加器，并用 EDA 实验开发系统进行仿真。设计一位二进制全加器时要求先用基本门电路设计一个一位二进制半加器，再由基本门电路和一位二进制半加器构成一位二进制全加器。

1）开机，进入 Quartus II 系统。

2）单击"File"菜单中的"New Project Wizard"子菜单，出现"New Project Wizard：Introduction"对话框。单击"Next"按钮，出现"New Project Wizard：Directory，Name，Top-Level Entity"对话框，可以为当前的实验选择恰当的路径并创建项目名称。连续单击"Next"按钮，直到单击"Finish"按钮完成新建工程的操作。

3）单击"File"菜单中的"New"项，出现选择输入方式对话框，这里选择"Block Diagram/Schematic File"，出现图形编辑窗口（注意界面发生了一定变化）。

4）双击空白编辑区，出现"Symbol"对话框，从"Symbol Libraries"项中单击"primitives"子目录，再单击"logic"子目录，然后在"logic"中选择相关元件（元件名称见电路图 3-2）；在"pin"子目录中选择输入引脚 input、输出引脚 output；在"Others"子目录中选择电源 Vcc 和 Gnd。（或直接在"Name"下方的输入框中输入所需元件的名称按〈Enter〉键亦可），如图 3-1 所示。

5）利用图形编辑窗口中的连线工具，完成对电路的连线，如图 3-2 所示。

6）在引脚的"PIN_NAME"处双击使之变黑，键入引脚名称，半加器电路图如图 3-2 所示。

7）打开"File"主菜单，选择"Save as"，将画好的线路图存盘（文件的扩展名必是.BDF）。

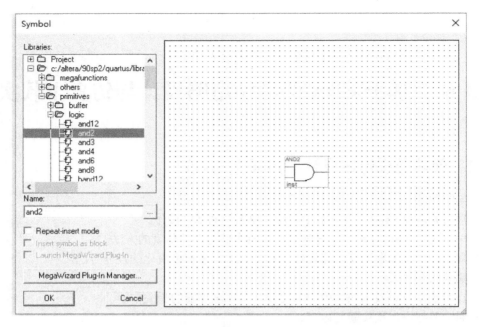

图 3-1　元器件输入对话框

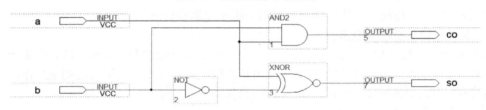

图 3-2　半加器电路图

8）单击菜单栏"Processing"的子菜单"Start Compilation"，直到出现"Full Compilation was successful"，没有错误提示，方可完成编译工作。（特别注意：只要电路有变化一定要进行重新编译。）

9）编译完成后，就可开始进行电路仿真测试，仿真测试操作步骤如下。

① 单击"File"菜单的"New"项，出现选择输入方式对话框，这里选择"Vector Waveform File"，如图 3-3 所示。

图 3-3　电路波形仿真测试框

② 单击"EDIT"菜单下的"Insert"菜单，出现如图 3-4 所示的对话框，单击"Node Finder"，出现如图 3-5 所示的对话框。

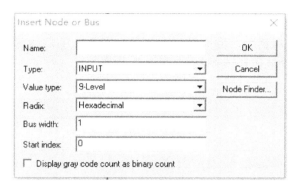

图 3-4　插入节点或者总线对话框

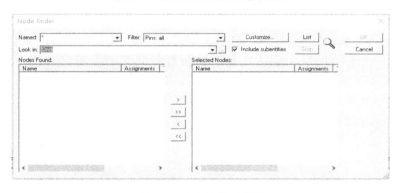

图 3-5　节点选择对话框

③ 在 "Node Finder" 对话框中单击 "List" 按钮,电路的 I/O 节点会出现在对话框左边,单击 ">>" 按钮,I/O 节点会移到对话框右边,再单击 "OK" 按钮,节点名称与坐标出现在屏幕上。

④ 单击 "Name" 项下的输入引脚(所在行会变黑),设置输入端的电平。

⑤ 单击界面左侧的 按钮,出现如图 3-6 所示对话框,手工设定波形周期,单击 "OK" 按钮,所设置的波形出现在屏幕上。

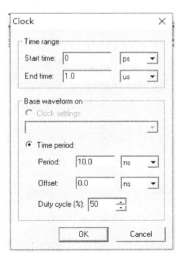

图 3-6　波形周期设定对话框

⑥ 单击工具栏中的 ⃚ 开始仿真按钮，如果仿真文件（文件扩展名为*.vwf）是新文件会出现是否保存仿真文件对话框，如果是已有文件，则直接出现仿真结果。实验结果分别如图 3-7 所示，注意逻辑功能仿真和时序仿真的区别。

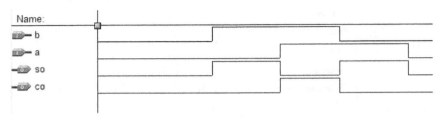

图 3-7　半加器仿真波形

10）在图形输入界面下，单击"File"，然后单击"Create/Update"下的"Create Symbol Files for Current File"项，创建一位半加器的默认模块。

11）创建一个新的项目，新建文件。在新打开的图形编辑区双击左键，从"Enter Symbol"对话框中的用户目录（自己创建的目录）下选择模块名。连接线路，保存文件（注意文件名不要和一位半加器文件名相同），并进行编译。全加器电路如图 3-8 所示。

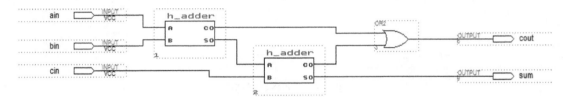

图 3-8　全加器电路图

12）采用上述仿真半加器的方法，得到全加器的仿真实验结果如图 3-9 所示。

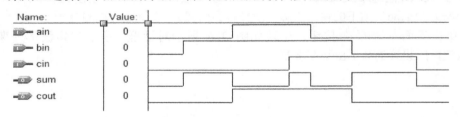

图 3-9　全加器仿真波形

（2）设计一个 2-4 译码器并进行逻辑功能仿真。

2-4 线译码器的逻辑参考线路图如图 3-10 所示，实验步骤参照实验 3-1 有关部分。

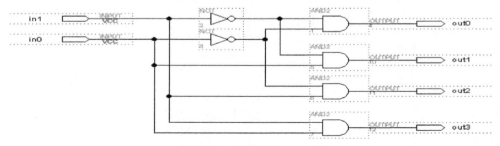

图 3-10　2-4 译码器的逻辑线路图

注意：1）在仿真时，可设置 in0 的波形周期为 in1 波形周期的 2 倍（如 in1 周期为 20ns，则 in0 周期可设置为 40 ns）。

2）可以用数组来定义输入输出。

特别注意：在开始此实验前，建议同学在 PC 机上除系统盘外的其他盘上建立一个自己独用的文件夹，将自己的实验文件保存在此文件夹内。文件夹名可以字母和数字命名，不要以汉字命名。

4．实验设备及器件

名　　　称	数　　量	备　　注
计算机系统	1	
数字电子技术实验开发平台	1	
Quartus II 软件	1	

5．实验报告

1）记录并分析实验结果。

2）总结用 Quartus II 软件对逻辑电路进行设计、仿真的操作步骤。

3）讨论用 EDA 开发系统进行逻辑电路设计的特点。

4）注意逻辑功能仿真与时序仿真的区别。

5）总结采用数组定义的方法和好处。

实验 2　全加器设计、仿真与下载

1．实验目的

1）熟练掌握 Quartus II 的使用。

2）掌握 EDA 开发系统及其硬件电路的下载及测试。

3）学习一位全加器的文本输入设计方法，学会用一位全加器组成四位全加器。

4）掌握模块化电路设计方法。

5）掌握 Verilog HDL 文本输入设计方法。

2．实验预习要求

1）复习组合电路中一位、四位全加器的设计方法。

2）预习 EDA 开发系统及其硬件电路中的开关及发光二极管的使用方法。

3）预习本次实验内容，注意学习 Verilog HDL 及其文本输入设计方法。

3．实验内容及操作步骤

（1）设计一位全加器并形成模块

设计并调试好一个一位二进制全加器，并用 EDA 实验开发系统进行系统仿真。设计一位二进制全加器时要求先设计一个或门和一个一位二进制半加器，再由或门和一位二进制半加器构成一位二进制全加器。

1）利用 Verilog HDL 和模块化方法设计一位全加器的设计，完成电路的输入以及对引脚的命名等，如图 3-11 所示。相关模块的参考程序如下。

　　　　------或门逻辑描述（or2t.v）

```
module or2t (a,b,c);
    input a,b;
    output c;
    assign c = a | b;
endmodule
------半加器描述（h_adder.v）
module h_adder (a,b,so,co);
    input a,b;
    output so,co;
    assign so = a ^ b;
    assign co = a & b;
endmodule
```

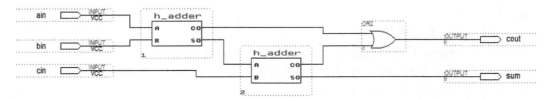

图 3-11 全加器电路图

2）对设计的各个模块及一位全加器进行编译、仿真。或门仿真波形如图 3-12 所示。

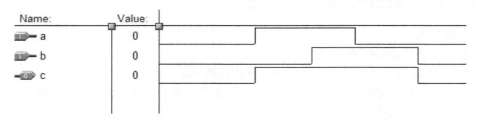

图 3-12 或门仿真波形

半加器仿真波形如图 3-13 所示。

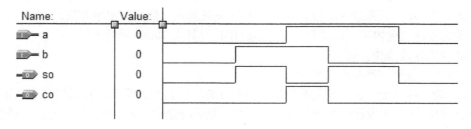

图 3-13 半加器仿真波形

全加器仿真波形如图 3-14 所示。

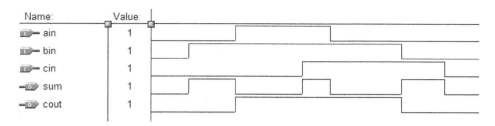

图 3-14 全加器仿真波形

一位全加器仿真结果见表 3-1。

表 3-1 一位全加器真值表

ain	0	1	0	1	0	1	0	1
bin	0	0	1	1	0	0	1	1
cin	0	0	0	0	1	1	1	1
sum	0	1	1	0	1	0	0	1
cout	0	0	0	1	0	1	1	1

在文本输入界面下,单击"File"菜单,然后单击 Create/Update 下的"Create Symbol Files for Current File"项,创建一位半加器的默认模块。

(2)利用一位全加器模块进行四位全加器的设计

1)创建一个新的项目,新建文件。在新打开的图形编辑区双击,从"Enter Symbol"对话框中的用户目录(你创建的目录)下选择模块名。

2)连接线路,保存文件(注意文件名不要和一位全加器文件名相同),并进行编译。参考线路如图 3-15 所示。

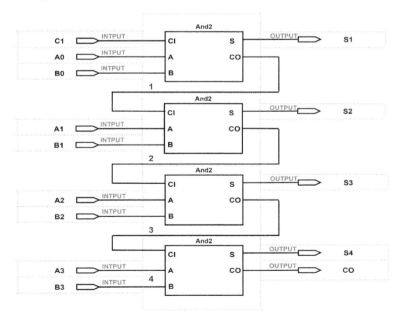

图 3-15 四位全加器

3）选择一款 CPLD 器件（EDA 实验系统硬件板卡中能够提供的芯片）进行引脚分配。

4）编译并进行下载，观察实验结果。

（3）也可以直接调用系统提供的 4 位全加器 74283 进行电路设计、仿真与下载。

4. 实验设备及器件

名　称	数　量	备　注
计算机系统	1	
数字电子技术实验开发平台	1	
Quartus II 软件	1	

5. 实验报告

1）总结模块化电路设计的方法。

2）总结 Verilog HDL 中的程序结构。

3）总结用 EDA 开发系统对逻辑电路进行设计、仿真与下载的一般步骤。

实验 3　有时钟使能的两位十进制计数器设计

1. 实验目的

1）熟悉 Quartus II 软件的基本使用方法。

2）熟悉 EDA 实验开发系统的基本使用方法。

3）学习时序电路的设计、仿真和硬件测试。

4）学习 Verilog HDL 的设计方法，掌握 include 语句使用方法。

2. 实验预习要求

1）复习时序电路中两位十进制计数器的设计方法。

2）预习 EDA 开发系统及其硬件电路的使用方法。

3）预习本次实验内容，注意学习 Verilog HDL 及其文本输入设计方法。

3. 实验内容及操作步骤

设计并调试好一个有时钟使能的两位十进制计数器，并用 EDA 实验开发系统进行系统仿真、硬件验证。设计有时钟使能的两位十进制计数器时要求先设计一个十进制计数器，再由十进制计数器构成两位十进制计数器。

（1）设计 1 个十进制计数器

参考程序如下：

```
--十进制计数器(count10.v)
module count10(clk,ena,clr,outy,cout);
    input clk;
    input ena;
    input clr;
    output[3:0] outy;
    output cout;
    reg[3:0] outy;
always @(posedge clk && (ena==1)) //clk 上升沿时刻及使能状态计数
begin
```

```verilog
        if (outy[3:0]==9) outy[3:0]=0;
           else outy[3:0]=outy[3:0]+1;
        if (outy[3:0]==9) cout=1;
           else cout=0;
    end
endmodule
--D 触发器(def.v)
module def(clk, d, q);
    output q;
    input clk,d;
      reg q;
      always @(posedge clk)
      q <= d;
endmodule
```

1 位十进制计数器仿真波形如图 3-16 所示。

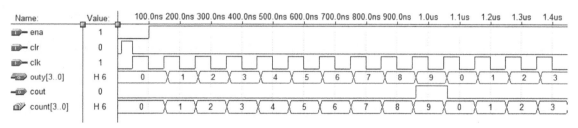

图 3-16   1 位十进制计数器仿真波形

（2）在设计 1 位十进制计数器的基础上，利用 include 设计两位十进制计数器，其参考程序如下。

```verilog
--两位十进制计数器(cnt100.v)
`include "count10.v";
`include "def.v";
module cnt100(clkin, enain, clrin, outlow, outhigh, coutout);
    input clkin, enain, clrin;
    output outlow[3:0], outhigh[3:0], coutout;
    wire cnt1_co, def_q;
count10    cnt1(
    .clk(clkin), .clr(clrin), .ena(enain), .outy(outlow), .cout(cnt1_co)
    );
count10    cnt2(
    .clk(def_q), .clr(clrin), .ena(enain).  outy(outhigh), .cout(coutout)
    );
def    def(
    .clk(clkin), .d(cnt1_co), .q(def_q)
    );
endmodule
```

两位十进制计数器仿真波形如图 3-17 所示。

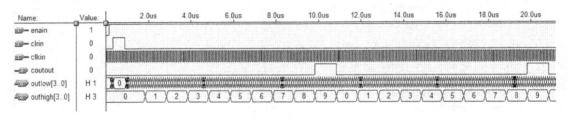

图 3-17　两位十进制计数器仿真波形

4．实验设备及器件

名　称	数　量	备　注
计算机系统	1	
数字电子技术实验开发平台	1	
Quartus Ⅱ 软件	1	

5．实验报告

1）总结 Verilog HDL 中 include 语句的使用方法。

2）总结用 Quartus Ⅱ 进行电路设计、仿真与下载的一般步骤。

实验 4　计数、译码与显示电路 HDL 设计

1．实验目的

1）进一步熟悉硬件描述语言描述电路的原理。

2）学习计数、译码与显示电路的 Verilog HDL 设计。

3）学习文本编辑和图形编辑混合设计电路的方法。

2．实验预习要求

1）复习组合电路中的译码器和显示器、时序电路中计数器等内容。

2）预习 EDA 开发系统及其相关硬件电路的使用方法。

3）预习本次实验内容，注意学习 Verilog HDL 及其文本输入设计方法。

4）复习 LED 数码管静态和动态显示方法。

3．实验内容及操作步骤

（1）用 Verilog HDL 语言设计 12 归 1 电路

1）用 Verilog HDL 语言设计一分频器，将 CPLD 信号源脉冲频率 40MHz 信号分频为 1Hz（周期为 1s），并形成 include 文件。

① 进入 QuartusⅡ 开发系统。

② 选择 File 主菜单下的 "New"，在输入方式对话框中选择 "Verilog HDL File"。

③ 在打开的编辑区中用 Verilog HDL 语言进行程序设计，参考程序如下。

```
module fp( inclk, outputf);
    input inclk;
    output outputf;
```

```
            reg[23..0] fp;
            reg outputf;
    always @(posedge inclk) //inclk 上升沿时刻计数
    begin
        if (fp==19999999) begin
    fp=0;
            outputf=~outputf;
            end
            else fp=fp+1;
    end
    endmodule
```

程序提示：信号源脉冲频率为 f_0，若要得到一频率为 f_1 的脉冲，计数常数 N 为：$N=f_0/2f_1-1$，触发器的个数选择 n 为：$2^n \geqslant N$

④ 输入完后保存文件并将该文件设为当前工作文件后编译。（注意：文件扩展名为.V，且文件名必须和子程序名相同。）

⑤ 单击"File"菜单下的"Create default include file"项创建"include"文件，生成 fp.inc 文件。

2）用 Verilog HDL 语言设计一个 12 归一计数器（带译码显示），时钟源采用上面的分频电路所得 1s 的时钟源，参考程序如下。

```
    `include "fp.v";
    module twelveto1(inclk,outa,outb);
        input inclk;
        output[6:0] outa;
        output[6:0] outb;
        reg[3:0] va;
        reg[3:0] vb;
    //---------12 归 1 计数-----------
    always @(posedge inclk) //inclk 上升沿时刻计数
    begin
    if (vb[3:0]==1 && va[3:0]==2) begin
        vb[3:0]=0; va[3:0]=1;
    end
    else if (va[3:0]==9) begin
    vb[3:0]=vb[3:0]+1;
    va[3:0]=0;
            end
    else va[3:0]=va[3:0]+1;
    //---------BCD7 段数码管显示-----------
    bcd HH(va[3:0],outa);
    bcd HH(vb[3:0],outb);
    end
    endmodule
```

```
module bcd(indec,xianshi);
    input[3:0] indec;
    output[6:0] xianshi;
    reg[6:0] xianshi;
always@(indec)
begin
  case(indec)
    4'd0:xianshi=8'h3f;
    4'd1:xianshi=8'h06;
    4'd2:xianshi=8'h5b;
    4'd3:xianshi=8'h4f;
    4'd4:xianshi=8'h66;
    4'd5:xianshi=8'h6d;
    4'd6:xianshi=8'h7d;
    4'd7:xianshi=8'h07;
    4'd8:xianshi=8'h7f;
    4'd9:xianshi=8'h6f;
  default: xianshi=7'bz;
  endcase
end
endmodule
```

3）保存文件并将该文件设为当前工作文件，然后编译。

4）选择器件进行引脚分配，分配完后编译。

5）启动 EDA 下载软件进行下载。

（2）用文本编辑与图形编辑混合方法设计 12 归 1 电路

1）单击"File"菜单的"Create/Update"下的"Create Symbol Files for Current File"项，将由文本编辑的分频电路和 12 归 1 电路分别创建为默认模块。

2）在图形输入方式下调用分频电路和 12 归 1 电路模块，组成所要求的电路。参考电路图如图 3-18 所示。

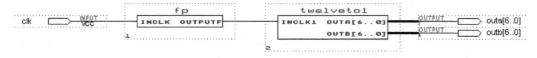

图 3-18　12 归 1 计数译码电路

3）完成电路的编译、下载和硬件测试。

（3）用混合法（模块化/层次化）设计一个六十进制计数、译码、显示电路，如图 3-19 所示。

要求：1）采用 Verilog HDL 分别设计分频器得到秒脉冲发生器、六十进制计数器、BCD 译码器，编译后生成对应模块。

2）用模块层次化设计整个六十进制计数译码显示电路，采用静态显示方式。

3）选用实验板上的 CPLD 器件，分配引脚，编译后下载验证是否实现 0～59 计数的六十进制计数。

68

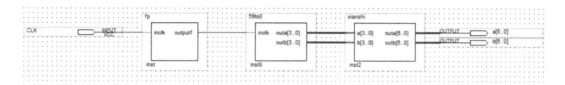

图 3-19　六十进制计数译码显示电路

（4）设计一个可控的 12 归 1 加/减计数译码显示电路

要求：控制端 $K=1$ 时 12 归 1 加 1 计数，计到 12 时回到 1，再进行加计数；控制端 $K=0$ 时 12 归 1 减计数，减到 1 时回到 12，再进行减计数。

（5）芯片分配引脚时的注意事项

1）数字电子技术实验平台中的实验箱主板提供了 2 位静态显示数码管，数码管为共阴数码管，其公共端已经内置低电平，其字形码输入端为低电平有效。SA3、SB3、SC3、SD3、SE3、SF3、SG3 分别为其中 1 个数码管的字形码输入端，分别对应于共阴数码管的七段输入端 a、b、c、d、e、f、g，SH3 对应于数码管的小数点 h。SA4、SB4、SC4、SD4、SE4、SF4、SG4 分别为另一个数码管的字形码输入端，分别对应于共阴数码管的七段输入端 a、b、c、d、e、f、g，SH4 对应于另一组数码管的小数点 h。

2）CPLD 芯片引脚分配，只要 CPLD 芯片的外部引脚没有被 CPLD 下载板占用，用户就可以使用。也就是说 CPLD 没有被占用的引脚全部向用户开放。SA3、SB3、SC3、SD3、SE3、SF3、SG3 的各段，可以选择连接 CPLD 下载板上的插线孔 IOP16、IOP17、IOP18、IOP19、IOP20、IOP21、IOP22，也就是数码管的字形码受 CPLD 的 P16、P17、P18、P19、P20、P21、P22 引脚控制。SH3 选择 IOP26，也就是小数点受 CPLD 的 P26 引脚控制。

实验时可以在下载板上的插线孔选择使用 CPLD 芯片的可用引脚进行下载验证。

4. 实验设备及器件

名　　称	数　　量	备　　注
计算机系统	1	
数字电子技术实验开发平台	1	
Quartus Ⅱ 软件	1	

5. 实验报告

1）比较 Verilog HDL 语言设计方法与图形编辑设计方法的区别。

2）总结不同分频情况下的电路计数、数字显示情况。

3）总结本次实验的收获和体会。

实验 5　动态扫描显示电路设计

1. 实验目的

1）熟练掌握用 Verilog HDL 设计计数、动态扫描显示电路的方法。

2）熟练使用 EDA 实验系统中的数码管显示。

2. 实验预习要求

1）预习动态扫描显示的原理。

2）预习 EDA 实验系统中动态显示驱动数码管的电路连接状况。

3）用硬件描述语言进行电路设计。

3. 实验内容及实验步骤

（1）动态扫描显示电路原理。

数字电子技术实验平台中的实验箱主板提供了两组动态扫描显示接口，原理图如图 3-20 所示。COM1、COM2、COM3、COM4 为两组动态显示数码管的公共端，数码管为共阴数码管，字位码低电平有效。SA1、SB1、SC1、SD1、SE1、SF1、SG1 分别为 4 个数码管的字形码输入端，分别对应于共阴数码管的七段输入端 a、b、c、d、e、f、g，SH1 对应于数码管的小数点 h。SA2、SB2、SC2、SD2、SE2、SF2、SG2 分别为另一组 4 个数码管的字形码输入端，分别对应于共阴数码管的七段输入端 a、b、c、d、e、f、g，SH2 对应于另一组数码管的小数点 h。

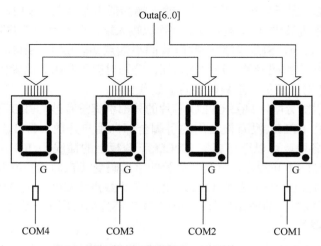

图 3-20　动态扫描电路示意图

CPLD 芯片引脚的分配可以采用没有被 CPLD 下载板占用的 CPLD 芯片任意外部引脚，例如 COM1、COM2、COM3、COM4 为其中一组动态显示数码管的公共端，可以选择连接 CPLD 下载板上的插线孔 IOP01、IOP02、IOP03、IOP04，低电平点亮对应数码管，由 CPLD 控制其引脚实现各位分时选通，即动态扫描。SA1、SB1、SC1、SD1、SE1、SF1、SG1 分别为 4 个数码管的字形码输入端，分别对应于共阴数码管的七段输入端 a、b、c、d、e、f、g，SH1 对应于数码管的小数点 h，SA1、SB1、SC1、SD1、SE1、SF1、SG1 的各段，可以选择连接 CPLD 下载板上的插线孔 IOP16、IOP17、IOP18、IOP19、IOP20、IOP21、IOP22，也就是数码管的字形码受 CPLD 的 P16、P17、P18、P19、P20、P21、P22 引脚控制。SH1 选择 IOP26，也就是小数点受 CPLD 的 P26 引脚控制。

实验时可以在下载板上的插线孔选择使用 CPLD 芯片的可用引脚进行下载验证。

（2）利用 Verilog HDL 语言设计六十进制、12 归 1 同步数字钟并扫描显示

参考程序如下，实验步骤参考实验 4 有关内容。

```
module timer(clk,decodeout,bitout);
    input clk;
    output[6:0] decodeout;
```

```verilog
        output[3:0] bitout;
        reg[7:0] qout_h=0;
        reg[7:0] qout_m=0;
        reg[12:0] mda=0;
        reg[9:0] mdb=0;
        reg[1:0] st=0;
        reg[3:0] bitout;
        reg clk_1khz;
        reg clk_1hz
//---------同步六十进制分钟计数，12 归 1 小时计数-----------
always @(posedge clk_1hz) //clk  上升沿时刻计数
begin
if (qout_h[3:0]==9) begin
        qout_h[3:0]=0;
        If (qout_h[7:4]==5) begin
            qout_h[7:4]=0;
if (qout_m[7:4]==1 && qout_m[3:0]==2) begin
                    qout_m[7:4]=0; qout_m[3:0]=1;
                end
else if (qout_m[3:0]==9) begin
            qout_m[7:4]=qout_m[7:4]+1;
            qout_m[3:0]=0;
        end
        else qout_m[3:0]=qout_m[3:0]+1;
        end
        else qout_h[3:0]=qout_h[3:0]+1;
    end
    else qout_h[3:0]=qout_h[3:0]+1;
end
//---------产生动态扫描频率及计数频率-----------
always @(posedge clk)
begin
    //40MHz 分频，得 1000Hz 动态扫描频率
    if (mda==39999) begin
        mda=0;clk_1khz=~clk_1khz;
    end
else mda=mda+1;
//1000Hz 分频，得 1Hz 计数频率
    if (mdb==499) begin
        mdb=0;clk_1hz=~clk_1hz;
    end
else mdb=mdb+1;
end
//---------产生动态扫描频率及计数频率-----------
always @(posedge clk_1khz)
begin
```

```verilog
     case (st）
     0: begin
         bcd HH(qout_h[7:4],decodeout);
            bitout=1;
            st=1;
         end
     1: begin
         bcd HH(qout_h[3:0],decodeout);
            bitout=2;
            st=2;
         end
     2: begin
         bcd HH(qout_m[7:4],decodeout);
            bitout=4;
            st=3;
         end
     4: begin
         bcd HH(qout_m[3:0],decodeout);
            bitout=8;
            st=0;
         end
      endcase
end

endmodule

module bcd(indec,xianshi);
     input[3:0] indec;
     output[6:0] xianshi;
     reg[6:0] xianshi;
always@(indec)
begin
     case(indec)
            4'd0:xianshi=8'h3f;
            4'd1:xianshi=8'h06;
            4'd2:xianshi=8'h5b;
            4'd3:xianshi=8'h4f;
            4'd4:xianshi=8'h66;
            4'd5:xianshi=8'h6d;
            4'd6:xianshi=8'h7d;
            4'd7:xianshi=8'h07;
            4'd8:xianshi=8'h7f;
            4'd9:xianshi=8'h6f;
        default: xianshi=7'bz;
        endcase
end
endmodule
```

（3）用混合法（模块化/层次化）设计一个 12 归 1 的计数、译码、显示电路，如图 3-21 所示。

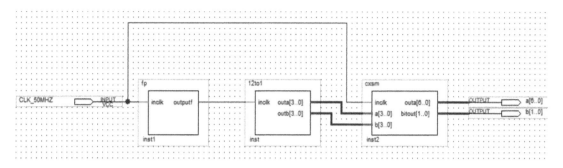

图 3-21　12 归 1 动态扫描显示电路

要求：1）采用 Verilog HDL 分别设计分频器得到秒脉冲发生器、12 归 1 计数器、BCD 译码器，编译后生成对应模块。

2）模块采用层次化设计整个 12 归 1 计数译码显示电路，采用动态扫描显示方式。

3）选用实验板上的 CPLD 器件，分配引脚，编译后下载验证是否实现 12 归 1 计数功能。

（4）在实验 3-3 内容的基础上可以用混合法（模块化/层次化）设计一个简易数字钟。

4. 实验设备及器件

名　　称	数　　量	备　　注
计算机系统	1	
数字电子技术实验开发平台	1	
Quartus II 软件	1	

5. 实验报告

1）总结模块化 Verilog HDL 程序设计方法。

2）总结动态扫描显示方式进行显示的方法。

3）写出实验总结报告。

实验 6　复杂数字钟设计

1. 实验目的

1）熟练掌握利用 Verilog HDL 语言设计分频、计数、译码、动态扫描显示电路的方法。

2）熟练掌握模块化、层次化的数字系统设计方法。

3）设计一个 6 位动态扫描显示数字钟。

2. 实验预习要求

1）预习动态扫描显示的原理。

2）复习教材相关内容。

3）用硬件描述语言进行电路设计。

3. 实验内容及实验步骤

（1）用 Verilog HDL 语言设计一带有小时（12 或 24 小时制）、分、秒的数字钟，用数码管显示结果。

利用文本编辑输入法与图形编辑输入法模块化、层次化地设计带有小时（12 或 24 小时制）、分、秒的数字钟，用数码管显示结果，参考电路如图 3-22 所示。

要求：1）用 Verilog HDL 语言设计一秒脉冲发生器，生成模块。

2）用 Verilog HDL 语言设计六十进制的 BCD 计数器，生成模块，用于秒计时和分计时。

3）用 Verilog HDL 语言设计二十四进制的 BCD 计数器，生成模块，用于小时计时。

4）用 Verilog HDL 语言设计两个动态扫描驱动电路，生成模块。

5）将上述模块用图形输入法进行连接，完成数字钟的设计。

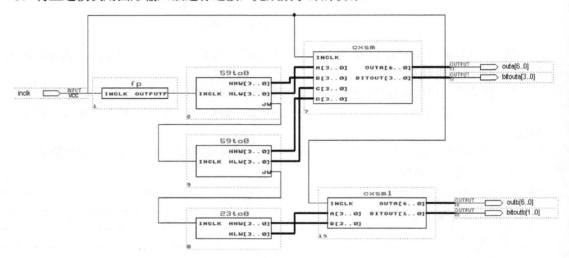

图 3-22　动态扫描显示数字钟的逻辑电路图

（2）设计一功能完整、实用的数字钟。

要求：1）增加时、分、秒快速校时功能。

2）增加整点报时功能。

3）增加闹钟（定时）功能。

4. 实验设备及器件

名　称	数　量	备　注
计算机系统	1	
数字电子技术实验开发平台	1	
Quartus II 软件	1	

5. 实验报告

1）总结模块化 Verilog HDL 程序设计方法。

2）总结串行扫描显示方式进行显示的方法。

3）写出实验总结报告。

第4章 数字电子技术课程设计

4.1 课程设计概述

1. 数字电子技术课程设计的目的与意义

数字电子技术是一门实践性很强的课程，注重工程训练，特别是技能的培养，对于培养工程人员的素质和能力具有十分重要的作用。在电子信息类本科教学中，数字电子技术课程设计是一个重要的实践环节，它包括课题选择、电子电路设计、系统组装与调试和编写总结报告等实践内容。通过课程设计要求学生实现以下两个目标：第一，让学生初步掌握电子线路的实验、设计方法。即学生能够根据设计要求和性能参数，查阅文献资料，收集、分析类似电路的性能，并通过组装与调试等实践环节，使电路能够满足性能指标的要求；第二，课程设计为后续的毕业设计打好坚实的基础。毕业设计是系统的工程设计实践，而课程设计的出发点是让学生开始从理论学习逐渐走向实际应用，利用已学过的定性分析、定量计算的方法，逐步掌握工程设计的步骤和方法，了解科学实验的程序和实施方法。同时，通过撰写课程设计报告，为今后从事技术工作撰写科技报告和技术资料奠定基础。

2. 数字电子技术课程设计的方法和步骤

设计一个电子电路系统时，首先必须明确系统的设计任务，根据任务进行方案选择，然后对方案中的各部分进行单元的设计、参数计算和器件选择，最后将各部分连接在一起，画出一个符合设计要求的完整系统电路图。

（1）设计任务分析

对系统的设计任务进行具体分析，充分了解系统的性能、指标内容及要求，以便明确系统应完成的任务。

（2）方案论证

这一步的工作要求是把系统的任务分配给若干个单元电路，并画出一个能表示各单元功能的整机原理框图。

方案选择的重要任务是根据掌握的知识和资料，针对系统提出的任务、要求和条件，完成系统的功能设计。在这个过程中要勇于探索，勇于创新，力争做到设计方案合理、可靠、经济、功能齐全、技术先进，并且对方案要不断进行可行性和优缺点的分析，最后设计出一个完整框图。框图必须正确反映系统应完成的任务和各组成部分功能，清楚表示系统的基本组成和相互关系。

（3）方案实现

1）单元电路设计

单元电路是整机的一部分，只有把各单元电路设计好才能提高整体设计水平。每个单元电路设计前都需明确本单元电路的任务，详细拟订出单元电路的性能指标与前后级之间的关系，分析电路的组成形式。具体设计时，可以模仿成熟的先进电路，也可以进行创新或改进，但都必须保证性能要求。而且，不仅单元电路本身要设计合理，各单元电路间也要相互配合，注意各部分的输入信号、输出信号和控制信号的关系。

2）参数计算

为保证单元电路达到功能指标要求，就需要用电子技术知识对参数进行计算。例如，放大电路中各阻值、放大倍数的计算；振荡器中电阻、电容、振荡频率等参数的计算。只有很好地理解电路的工作原理，正确利用计算公式，计算的参数才能满足设计要求。

3）器件选择

① 阻容元件的选择：电阻和电容种类很多，正确选择电阻和电容是很重要的。不同的电路对电阻和电容性能要求也不同，有些电路对电容的漏电要求很严，还有些电路对电阻、电容的性能和容量要求很高。例如滤波电路中常用大容量铝电解电容，为滤掉高频通常还需并联小容量瓷片电容。设计时要根据电路的要求选择性能和参数合适的阻容元件，并要注意功耗、容量、频率和耐压范围是否满足要求。

② 分立元件的选择：分立元件包括二极管、晶体管、场效应晶体管、光电二（三）极管、晶闸管等。根据其用途分别进行选择，选择的器件种类不同，注意事项也不同。例如选择晶体管时，首先注意是选择 NPN 型还是 PNP 型管，是高频管还是低频管，是大功率还是小功率，并注意管子的参数是否满足电路设计指标的要求。

③ 集成电路的选择：由于集成电路可以实现很多单元电路甚至整机电路的功能，所以选用集成电路来设计单元电路和总体电路既方便又灵活，它不仅使系统体积缩小，而且性能可靠，便于调试及运用，在设计电路时颇受欢迎。集成电路有模拟集成电路和数字集成电路。国内外已生出大量集成电路，其器件的型号、原理、功能、特征可查阅有关手册。选择的集成电路不仅要在功能和特性上实现设计方案，而且要满足功耗、电压、速度、价格等多方面的要求。

④ 安装调试：安装与调试过程应按照先局部后整机的原则，根据信号的流向逐块调试，使各功能块都要达到各自技术指标的要求，然后把它们连接起来进行统调和系统测试。调试包括调整与测试两部分，调整主要是调节电路中可变元器件或更换器件，使之达到性能的改善。测试是采用电子仪器测量相关点的数据与波形，以便准确判断设计电路的性能。

装配前必须对元器件进行性能参数测试。根据设计任务的不同，有时需进行印制电路板设计制作，并在印制电路板上进行装配调试。

3．数字电路设计方法

（1）组合逻辑电路的设计方法

1）组合逻辑电路的一般设计步骤

① 分析设计要求。

② 按输入变量与输出变量之间的逻辑关系列出真值表。

③ 利用公式法或卡诺图进行逻辑函数化简。

④ 按照化简后的最简逻辑表达式，画出逻辑电路图。

上述步骤中，列真值表往往是比较困难的一步。因为这一步实质上是把文字叙述的实际问题变成用逻辑语言表达的逻辑问题。

2）利用中大规模集成电路设计组合电路

由于中大规模集成电路的品种与日俱增，利用中大规模集成电路设计组合电路的方法也不断发展，利用这些中大规模集成化产品，可以很方便地设计各种功能的组合电路。

（2）时序逻辑电路的设计方法

在数字电路中,时序电路有同步和异步之分,异步时序电路设计复杂,电路速度慢,不予介绍,这里只介绍同步时序电路的设计方法,具体如下。

① 画原始状态图或状态表。首先对实际问题做全面分析,明确有哪些信息需要记忆,需要多少状态,怎样用电路状态反映出来。

② 化简。为了充分描述电路的功能,在初步建立的状态图或状态表中,要求以尽可能简单的电路来实现所要求的功能,所以必须进行化简,以消除多余状态。

③ 进行状态分析。按化简后的状态数 N,确定触发器的数目 n,使 $2^n \geqslant N$。给每个状态以一定编码,即进行状态分配,状态分配的情况,会对状态方程的输出以及实现的经济消耗等产生影响,所以往往需要仔细考虑。有时要多次比较才能确定最佳方案。

④ 求状态方程、输出方程。

⑤ 求驱动方程,并检查能否自启动。

⑥ 画出逻辑电路图。

4.2 课程设计报告要求

1. 实验目的

培养综合运用数字电子技术知识进行简易数字电子系统设计,及利用 EWB 软件进行仿真的能力。

2. 实验要求

设计一个功能完整、实用的简易数字电子系统,并在计算机上完成电路仿真。

3. 实验任务

按选题要求填写。

4. 实验设计过程

1)根据任务要求进行功能划分,给出完成任务要求的功能模块框图,要说明每个模块的作用,受控于哪些信号,产生(输出)哪些信号,如信号输出是有条件的,则需说明在什么条件下输出什么信号。

2)具体给出各功能模块的实现电路,说明工作原理。简单系统可以直接画出完整的原理图,在图中标示出各功能模块;复杂系统按功能模块给出原理图,完整电路要求学生以附件的形式提供。

3)原理图中各元器件要有代号名称,电阻用 R、电容用 C、集成电路用 U 等表示。

4)原理叙述应给出必要的真值表、状态图、状态方程、波形图,对一些有推导的设计过程,应给出简要的推导步骤。

5)主要器件的选型说明。

5. 实验结论

1)明确仿真结果具体实现了任务中的哪些要求,还有哪些要求没实现。

2)叙述设计电路的特点。

3)提出对现有设计电路的改进及完善的设想。

6. 实验小结

对完成综合设计实验的收获、体会,以及对如何进行综合设计实验(包括实验方法、要求、验收等方面)提出建议和要求。

7. 实验报告附件

① 完整的电路原理图。

② 元器件清单，示例格式如下。

序 号	名 称	代 号	型号或标称值
1	计数器	U1	74LS163
2	译码器	U2	74LS138
3	电阻	R1	510Ω

4.3 交通信号灯控制器设计举例

交通运输智能化和信息化建设，是未来全球现代化交通运输体系的发展趋势，是我国发展国民经济的物质基础。我国交通运输业要实现信息化、网络化、智能化才能得到跨越式发展，从而有效缓解资源和环境的压力，更是实现交通运输业现代化发展的关键。而交通灯控制器是能够确保行人、汽车等生命财产安全的"守护神"，因此设计一款智能交通灯控制器显得尤为重要。实现交通灯控制器的方案有多种，包括基于中小规模数字集成电路的交通灯控制器、基于单片机的交通灯控制器、基于 FPGA 的交通灯控制器等。下面通过以中小规模数字集成电路设计一款简单的交通灯控制器为例，分析交通灯控制器的设计过程，为同学们采用其他设计方法提供参考。

1. 设计任务

设计一个十字路口的交通信号灯控制器，控制 A、B 两条交叉道路上的车辆通行，具体要求如下。

1）每条道路设一组信号灯，每组信号灯由红、黄、绿 3 个灯组成，绿灯表示允许通行，红灯表示禁止通行，黄灯表示该车道上已过停车线的车辆继续通行，未过停车线的车辆停止通行。

2）每条道路上每次通行的时间为 25s。

3）每次变换通行车道之前，要求黄灯先亮 5s，才能变换通行车道。

4）黄灯亮时，要求每秒钟闪烁一次。

2. 实验目的

通过本实验熟悉用中规模集成电路进行时序逻辑电路和组合逻辑电路设计的方法，掌握简单数字控制器的设计方法。

3. 参考设计方案

系统由控制器、定时器、秒脉冲发生器、译码器、信号灯组成，结构框图如图 4-1 所示，其中控制器是核心部分，它控制定时器和译码器的工作；秒脉冲信号发生器产生定时器和控制器所需的标准时钟信号；译码器输出两路信号灯的控制信号。

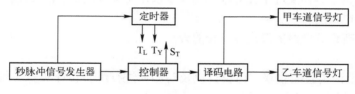

图 4-1 交通信号灯设计原理图

T_L、T_Y 为定时器的输出信号，S_T 为控制器的输出信号。

当某车道绿灯亮时，允许车辆通行，同时定时器开始计时，当计时到 25s 时，则 $T_L = 1$，否则，$T_L = 0$。

当某车道黄灯亮后，定时器开始计时，当计时到 5s 时，$T_Y = 1$，否则 $T_Y = 0$。

S_T 为状态转换信号，当定时器计数到规定的时间后，由控制器发出状态转换信号，定时器开始下一个工作状态的定时计数。

一般情况下，十字路口的交通信号灯工作状态如下。

1）A 车道绿灯亮，B 车道红灯亮，此时 A 车道允许车辆通行，B 车道禁止车辆通行。当 A 车道绿灯亮的时间达到规定的时间后，控制器发出状态转换信号，系统转入下一个状态。

2）A 车道黄灯亮，B 车道红灯亮，此时 A 车道允许超过停车线的车辆继续通行，而未超过停车线的车辆禁止通行，B 车道禁止车辆通行。当 A 车道黄灯亮的时间达到规定的时间后，控制器发出状态转换信号，系统转入下一个状态。

3）A 车道红灯亮，B 车道绿灯亮。此时 A 车道禁止车辆通行，B 车道允许车辆通行，当 B 车道绿灯亮的时间达到规定的时间后，控制器发出状态转换信号，系统转入下一个状态。

4）A 车道红灯亮，B 车道黄灯亮。此时 A 车道禁止车辆通行，B 车道允许超过停车线的车辆继续通行，而未超过停车线的车辆禁止通行。当 B 车道绿灯亮的时间达到规定的时间后，控制器发出状态转换信号，系统转入下一个状态——1）中描述的状态。

由以上分析看出，交通信号灯有 4 个状态，可分别用 S0、S1、S2、S3，分别分配状态编码为 00、01、11、10，由此得到控制器的状态表 4-1。

表 4-1 控制器状态表

控制器状态	信号灯状态	车道运行状态
S0 (00)	A 绿灯，B 红灯	A 车道通行，B 车道禁止通行
S1(01)	A 黄灯，B 红灯	A 车道过线车通行，未过线禁止通行，B 车道禁止通行
S2(11)	A 红灯，B 绿灯	A 车道禁止通行，B 车道通行
S3(10)	A 红灯，B 黄灯	A 车道禁止通行，B 车道过线车通行，未过线禁止通行

交通信号灯控制器状态转移图如图 4-2 所示。

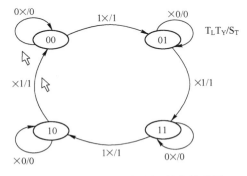

图 4-2 交通信号灯控制器状态转移图

T_Y 和 T_L 为控制器的输入信号，S_T 为控制器输出信号。

4．参考电路设计

（1）定时器电路

以秒脉冲作为计数器的计数脉冲，设计一个二十五进制和五进制的计数器，图 4-3 中 CLK 为秒脉冲信号，计数器用两块 74LS163 构成，T_Y 和 T_X 为计数器的输出信号。S_T 为状态转换控制信号，每当 S_T 输出一个正脉冲，计数器进行一轮计数。

（2）控制器电路

按照状态转换图，控制器有 4 个状态，因此可由两个触发器构成，用两个 D 触发器产生 4 个状态。控制器的输入为触发器的现态以及 T_X 和 T_Y，控制器的输出为触发器的次态和控制器状态转换信号 S_T，由此得到状态转换表见表 4-2。

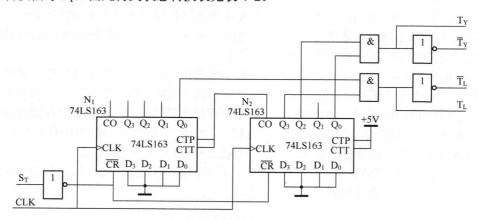

图 4-3 定时器逻辑电路图

表 4-2 状态转换表

输 入				输 出		
现 态		状态转换条件		次 态		状态转换信号
Q_1^n	Q_0^n	T_L	T_Y	Q_1^{n+1}	Q_0^{n+1}	S_T
0	0	0	×	0	0	0
0	0	1	×	0	1	1
0	1	×	0	0	1	0
0	1	×	1	1	1	1
1	1	0	×	1	1	0
1	1	1	×	1	0	1
1	0	×	0	1	0	0
1	0	×	1	0	0	1

根据控制器状态转换真值表，写出状态方程和状态转换信号方程为：

$$Q_1^{n+1} = \overline{Q_1^n} Q_0^n T_Y + Q_1^n Q_0^n + Q_1^n \overline{Q_0^n}\ \overline{T_Y}$$

$$Q_0^{n+1} = \overline{Q_1^n}\ \overline{Q_0^n} T_Y + \overline{Q_1^n} Q_0^n + Q_1^n Q_0^n\ \overline{T_L}$$

$$S_T = \overline{Q_1^n}\ \overline{Q_0^n} T_L + \overline{Q_1^n} Q_0^n T_Y + Q_1^n \overline{Q_0^n}\ T_Y + Q_1^n Q_0^n\ T_L$$

以上 3 个逻辑函数可用多种方法实现，本设计选用四选一数据选择器 74LS153 来实现，这种实现方法比较简单。触发器采用双 D 触发器 74LS74。设计中将触发器的输出看作逻辑变量，将 T_Y、T_L 看作输入信号，按照由数据选择器实现逻辑函数的方法实现以上 3 个逻辑函数，由此得到控制器的原理图。图 4-4 中 R 和 C 构成上电复位电路，保证触发器的初始状态为 0，触发器的时钟输入端输入 1Hz 脉冲。

（3）译码器

译码器的作用是将控制器输出 Q1、Q0 构成的 4 种状态转换成为 A、B 车道上 6 个信号灯的控制信号并定义为：

A 车道绿灯亮为 AG＝1，A 车道绿灯灭为 AG＝0；

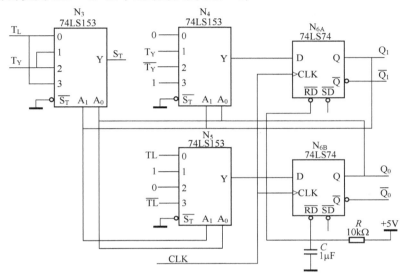

图 4-4 控制器电路图

A 车道黄灯亮为 AY＝1，A 车道黄灯灭为 AY＝0；
A 车道红灯亮为 AR＝1，A 车道红灯灭为 AR＝0。
B 车道绿灯亮为 BG＝1，B 车道绿灯灭为 BG＝0；
B 车道黄灯亮为 BY＝1，B 车道黄灯灭为 BY＝0；
B 车道红灯亮为 BR＝1，B 车道红灯灭为 BR＝0。
控制器输出与信号灯之间的对应关系见表 4-3。

表 4-3 控制器输出与信号灯之间的对应关系

状态 Q_1 Q_0	AG	AY	AR	BG	BY	BR
0　0	1	0	0	0	0	1
0　1	0	1	0	0	0	1
1　1	0	0	1	1	0	0
1　0	0	0	1	0	1	0

由表 4-3 写出 AG、AY、AR、BG、BY、BR 与 Q_1 和 Q_0 之间的逻辑关系。

$$AG = \overline{Q_1}\ \overline{Q_0}, \quad AY = \overline{Q_1}Q_0, \quad AR = Q_1$$
$$BG = Q_1 Q_0, \quad BY = Q_1\overline{Q_0}, \quad BR = \overline{Q_1}$$

（4）主要元器件

74LS163、74LS153、74LS74、74LS00、74LS04、74LS09、7407、NE555、发光二极管、电阻、电容等。

5. 实验内容

按照实验要求设计电路，确定元器件型号和参数，用 EWB 进行仿真；检查无误后通电调试；测试电路功能是否符合要求。对测试结果进行详细分析，得出实验结论。

6. 实验报告要求

分析实验任务，选择技术方案；确定原理框图；画出电路原理图；对所设计的电路进行综合分析，包括工作原理和设计方法；写出调试步骤和调试结果，列出实验数据；画出关键信号的波形；对实验数据和电路的工作情况进行分析；写出收获和体会。

4.4 创新研究型选题参考

作为电类专业的学生，学习知识并不是最终目的，学习的最终目的应该是利用掌握的知识去解决实际当中较为复杂的工程问题，理论联系实际，牢记家国情怀与使命担当。因此，本节主要通过源于社会生活、生产实际的创新研究性选题为学生"抛砖引玉"，激发学生的创新性思维，在课题的任务、解决方案等方面尚有进一步思考、探索的空间。

课题 1 智力竞赛抢答器逻辑电路设计

1. 课题概述

智力竞赛是一种生动活泼的教育方式，通过抢答和必答两种答题方式能引起参赛者和观众的极大兴趣，并且能在极短的时间内，使人们迅速增加一些科学知识和生活常识。

进行智力竞赛活动时，一般将参赛队员分为几组；答题方式为必答和抢答两种；答题有时间限制；当时间到时有警告；答题之后有主持人判断是否正确；显示成绩评定结果。抢答时，要判定哪组优先，并通过显示和鸣叫电路予以指示。因此，要完成以上智力竞赛抢答器逻辑功能的数字逻辑控制系统，至少应包括以下几个部分：记分显示部分；判别、控制部分；计时电路和音响部分。

2. 设计任务和要求

设计任务：

1）设计一个智力竞赛抢答器，可同时供 8 名选手或 8 个代表队参加比赛，他们的编号分别是 1、2、3、4、5、6、7、8，各用一个抢答按钮，按钮的编号与选手的编号相对应，分别是 S0、S1、S2、S3、S4、S5、S6、S7。

2）给节目主持人设置一个控制开关，用来控制系统的清零（编号显示数码管灭灯）和抢答的开始。

3）抢答器具有数据锁存和显示的功能。抢答开始后，若有选手按动抢答按钮，编号立即锁存，并在 LED 数码管上显示出选手的编号，同时蜂鸣器给出音响提示。此外，要封锁输入电路，禁止其他选手抢答。优先抢答选手的编号一直保持到主持人将系统清零为止。

4）用中小规模集成电路组成智力竞赛抢答器电路，画出各单元电路图和总体逻辑框图，正确描述各单元功能，合理选用电路器件，画出完整的电路设计图并写出设计总结报告。

设计要求：

1）抢答器具有定时抢答的功能，且一次抢答的时间可以由主持人设定（如 30s）。当节目主持人启动"开始"键后，要求定时器立即减计时，并用显示器显示，同时蜂鸣器发出声响。

2）参赛选手在设定的时间内抢答，抢答有效，定时器停止工作，显示器上显示选手的编号和抢答时刻的时间，并保持到主持人将系统清零为止。

3）如果定时抢答的时间已到，却没有选手抢答时，本次抢答无效，系统短暂报警，并封锁输入电路，禁止选手超时后抢答，时间显示器上显示 00。

3．设计方案提示

1）复位和抢答开关均可采用防抖动电路，可采用加吸收电容或 RS 触发电路来完成。

2）判别选组电路可以用触发器和组合电路完成，也可以用一些特殊器件组成，例如用 MC14599 或 CD4099 八路可寻址输出锁存器或优先编码器来实现。

3）计数电路用加/减计数器完成；显示电路用 74LS47 驱动共阳极数码管完成。

如图 4-5 所示为八路智力竞赛抢答器的原理框图。它由主体电路和扩展电路两部分组成，主体电路完成基本抢答后，选手按动抢答键时，能显示选手的编号，同时能封锁输入电路，禁止其他选手抢答，扩展电路完成定时抢答的功能。

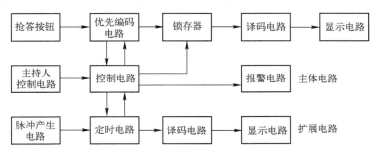

图 4-5　抢答器系统原理框图

课题 2　模拟乒乓球游戏机

1．课题概述

设计与制作一台供 A 与 B 两人作模拟乒乓球游戏用的电路，其中 A 方与 B 方各持一个按钮开关，作为击球用的乒乓球拍，有若干个光点作为乒乓球运动的轨迹。

2．设计任务和要求

1）局比赛开始前，裁判按动每局开始发球开关，决定由其中一方首先发球，乒乓球光点即出现在发球一方的球拍位置上，电路处于待发球状态。

2）能自动判球记分。只要一方失球，对方记分牌上则自动加 1 分。在比分未达到 20∶20 之前，当一方记分达 21 分时，即告胜利，该局比赛结束；若比分达到 20∶20 以后，只有一方净胜 2 分时，方告胜利。

3）能自动判发球。每局比赛结束，机器自动置电路于下一球的待发球状态。每方连续发球 5 次后，自动交换发球。当比分达 20∶20 以后，将每次轮换发球，直至比赛结束。

4）球拍按钮开关在球的一个来回中，只有第一次按动才起作用，若再次按动或持续按下不松开，将无作用。在击球时，只有在球的光点移至击球者一方球拍位置时，第一次按动按钮，击球才有效。

3. 设计方案提示

根据设计任务，对照原理系统可分为以下四个模块进行设计。

1）球迹移动与显示电路：球迹移动电路可采用双向移位寄存器方法实现，由发光二极管作光点模拟乒乓球移动的轨迹。

2）一次击球有效电路：用微分电路处理由球拍 A 或 B 输入的击球信号，输出正向尖脉冲信号，从而保证击球过程中仅第一次起板击球有用。

3）换发球电路、判球记分与获胜电路：本电路由比分显示电路、换发球电路、20：20 判断电路、2 分差获胜电路、21 分获胜电路、获胜指示电路等组成。

① 比分显示电路：可采用中规模计数器完成，译码采用 74LS47 驱动数码管显示比分。

② 换发球电路：按照换发球规则，可以采用模 5 计数器来产生换发球信号。当比分达20：20 后，模 5 计数器失效。

③ 判 20：20 电路：可以由 RS 触发器实现，当比分达 20：20 时，使其状态反转。

④ 2 分差获胜电路：只有当比分达到 20：20 时才被启用。可采用 JK 触发器组成计数器实现。

⑤ 21 分获胜电路和获胜指示电路：用发光二极管指示获胜。

4）置始与判发球电路：置始信号由按钮开关输入，确定发球者，机器处于待发球状态，并把各计数器清零。每球结束，在失球信号作用下输出置始信号，预置下一球的待发球状态，可由 D 触发器组成计数器实现。电路处于待发球状态是指：在置始信号作用下，使球迹移动显示电路中球的光点出现在发球者一方的球拍位置上，等待发球，只要按动该方球拍开关，球即能发出。

课题 3 电子拔河游戏机

1. 课题概述

随着现代科技的不断发展，人们的生产生活水平也在不断提高。与此同时，各式各样的仪器设备、新型家电产品都在不断出现，丰富着人们的生活，为人们排忧解难，娱乐身心。拔河游戏机就是一种综合性、趣味性的实验，它结构简单，易安装与调试，是生产或者自行制作的最佳选择。

2. 设计任务与要求

1）设计一个能进行拔河游戏的电路。

2）电路使用 9 个发光二极管，开机后只有中间一个发亮，此即拔河的中心点。

3）游戏双方各持一个按钮，迅速地、不断地按动，产生脉冲，谁按得快，亮点就向谁的方向移动，每按一次，亮点移动一次。

4）亮点移到任一方终端二极管时，这一方就获胜，此时双方按钮均无作用，输出保持，只有复位后才使亮点恢复到中心。

5）用数码管显示获胜者的盘数。

3. 设计方案提示

可逆计数器 CC40193 原始状态输出 4 位二进制数 0000，经译码器输出使中间的一只发光二极管点亮。当按动 A、B 两个按键时，分别产生两个脉冲信号，经整形后分别加到可逆计数器上，可逆计数器输出的代码经译码器译码后驱动发光二极管点亮并产生位移，当亮点移到任何一方终端后，由于控制电路的作用，这一状态被锁定，而对输入脉冲不起作用。如按动复位键，亮点又回到中点位置，比赛又可重新开始。将双方终端二极管的正端分别经两个与非门后接至两个十进制计数器 CC4518 的允许控制端 EN，当任一方取胜，该方终端二极管点亮，产生一个下降沿使其对应的计数器计数。这样，计数器的输出即显示了胜者取胜的盘数。设计电路框图如图 4-6 所示。

课题 4　简易电话计时器

1. 课题概述

一般情况下，电话计费以 1min 或 3min 为一个计时单位，若打电话时有一个能显示通话时间的自动电话计时器，则可使打电话者便于掌握通话时间。这样可控制通话时间节约通话费。常见的电话计时器电路大都从电话摘机就开始计时或是要按下指定按钮才开始计时，因此计时不精确，使用不方便。

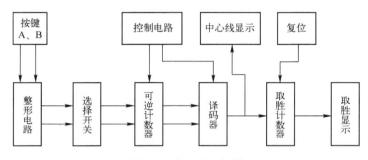

图 4-6　电路原理框图

2. 设计任务和要求

用中小规模集成电路设计一个公用电话计时系统，要求实现功能。

1）每 3min 计时一次。

2）显示通话次数，最多为 99 次。

3）每次定时误差小于 1s。

4）具有手动复位功能。

5）具有声响提醒功能。

3. 设计方案提示

本设计主要有标准信号源、分频器、3min 定时器、计数器译码显示、声响提醒等电路组成，其工作原理为：当按下复位按键时，复位电路保证 3min 定时期及两位十进制计数器同时清零，此时电话通话次数为零。当松开复位按键时，计时开始，3min 定时器的功能是每 3min 输出一个脉冲，该脉冲被送到计数译码器显示电路，便显示出通话次数；同时该脉冲被送到声响提醒电路，可控制声响时间及声调，实现声响提醒功能。该设计中的 3min 定时器主要由 12 位异步二进制计数器/分频器 CD4040 来实现，通话次数计数器显示电路由两位十进制计数器完成，采用中规模集成计数器 CD4029、74LS47 实现。声响提醒电路由 555 集成电路完成。

如图 4-7 所示为该计时器的工作框图，主要由标准信号源、分频器、3min 定时器、计数器译码显示和声响提醒等电路组成。

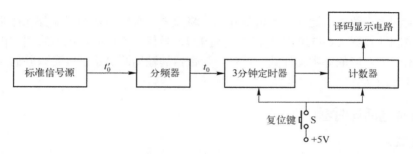

图 4-7　计时器的工作框图

课题 5　病房呼叫系统

1. 课题概述

临床求助呼叫是传送临床信息的重要手段，病房呼叫系统是病人请求值班医生或护士进行诊断或护理的紧急呼叫工具，可将病人的请求快速传送给值班医生或护士，并在值班室的监控中心电脑上留下准确完整的记录，是提高医院和病房护理水平的必备设备之一。呼叫系统的优劣直接关系到病员的安危，历来受到各大医院的普遍重视。它要求及时、准确、可靠、简便可行、利于推广。

2. 设计任务和要求

本设计要求采用主从结构，监控机构放置在医生值班室内，当病床有呼叫请求时进行声光报警，并在显示器上显示病床的位置。呼叫源（按钮）放在病房内，病人有呼叫请求时，按下请求按钮，向值班室呼叫，并点亮呼叫指示灯。监控机构和呼叫源之间通过电线连接在一起。

1）用 1～5 个开关模拟 5 个病房的呼叫输入信号，1 号优先级最高；1～5 优先级依次降低。

2）用一个数码管显示呼叫信号的号码；没信号呼叫时显示 0；有多个信号呼叫时，显示优先级最高的呼叫号（其他呼叫号用指示灯显示）。

3）呼叫信号保持 5s 的延迟。

4）对低优先级的呼叫进行存储，处理完高优先级的呼叫，再进行低优先级呼叫的处理。

3. 设计方案提示

本设计的病房呼叫系统可以应用 555 计时器逻辑门电路，采用数字、模拟电路的一些基础元器件来实现具有优先级的结构简单、安装方便的病房呼叫系统。当有病人进行呼叫时，系统会自动先处理高优先级别的病房的编号，同时产生光信号和 5s 的声音信号。另外在产生信号的同时系统会显示呼叫病人的病房编号。这样医护人员可以根据呼叫信号的优先级别及时对每一位呼叫病人进行救治。当有多个病人同时进行呼叫时，系统会根据优先级别自动呼出当前呼叫中的最高级别呼叫信号并对其他低级别的呼叫信号进行自动保存，在当前的最高呼叫信号被医护人员完成后，按下清零后，自动输出所保存信号呼叫中最高级别的呼叫，直到每位病人处理完毕。

本设计的指导思想是设计一个当病人紧急呼叫时，产生声光提示，并显示病人编号；然后根据病人病情进行优先级别设置，当有多人呼叫时，病情严重者优先；医护人员处理完当前最高级别的呼叫后，清除已处理的最高级别的呼叫信号，系统按优先级别显示其他呼叫病人的编号。

工作原理如图 4-8 所示，用 D 锁存器锁存，再用一个 8 线-3 线优先编码器 CD4532 对病房号编码，再用译码器 4511 译出最高级的病房号。当有病房号呼叫时，通过译码器和逻辑门触发（由 555 构成的单稳触发器）从而控制蜂鸣器发出 5s 的呼叫声。呼叫信号控制晶闸管从而控制病房报警灯的关亮。若有多个病房同时呼叫，待医护人员处置好最高级的病房后，由人工将系统的复位（手动）。

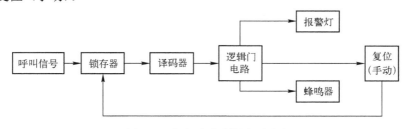

图 4-8　病房呼叫系统原理框图

课题 6　家用电风扇控制逻辑电路设计

1．课题概述

以前的台式电风扇和落地式电风扇都是采用机械控制，主要控制风速和风向。然而随着电子技术的发展，目前的家用电风扇大多采用电子控制线路以代替原来的机械控制器，这使得电风扇的功能更强、操作也更简便，电风扇的使用变得更为人性化。

2．设计任务和要求

1）实现风速的强、中、弱控制（一个按钮控制，循环）：使用一个"风速"按键来循环控制风速的变化。当电风扇处于停止状态时按下该键，风扇启动处出于弱风、正常风状态，风扇启动后，依次按下"风速"键，风速按着"弱—中—强—弱"依次变换。

2）实现"睡眠风""自然风""正常风"三种状态的控制（一个按钮控制循环）：使用一个"风种"按键来循环控制风种的选择。当风扇处于停止状态时按下该键风扇不能启动，当风扇处于工作状态时，依次按下"风种"键，风速随着"正常风—睡眠风—自然风—正常风"的状态变化。

3）风扇停止状态的实现：使用一个按键来控制风扇的停止。在风扇处于任一工作状态时按下该键，风扇停止工作。

4）LED 显示状态：分别用 6 个 LED 灯来显示"风速"和"风种"的三种工作状态。

5）按键提示音：只要有按键按下，就可以通过声音提示该按键已经按下。

6）定时关机功能（以小时为单位）：

① 正常风　电动机连续转动，产生持久风；

② 自然风　电动机转动 4s，停 4s，产生阵风；

③ 睡眠风　电动机转动 8s，停 8s，产生轻柔的微风。

3．设计方案提示

本系统由脉冲触发电路、状态锁存电路、"风速""风种"控制电路及定时电路组成。通过按键开关产生单次脉冲来控制电风扇的工作状态并由 6 个发光二极管来显示其状态。由拨动开关来控制定时的长短并由数码管来显示电风扇停止的剩余时间。

1）脉冲触发电路：按键 K1 按下后产生的单次脉冲信号作为"风速"状态锁存电路的触发信号。按键 K1、K2 及部分门电路 74LS00、74LS08 构成"风种"状态锁存电路的触发信号。

2）状态锁存电路："风速""风种"状态锁存电路均由一片有 4 个 D 触发器的 74LS175 构成，每片的三个 D 触发器的输出端分别接三个状态指示灯，同时每片 74LS175 的清零端都接停止键 K3，利用按键产生的低电平信号将所有状态清零。

3）风种控制电路：在"风种"的三种工作状态中，在"正常风"状态时，风扇持续转动，而工作在"自然风"和"睡眠风"状态时产生的是间断的风。电路中用 74LS175 作为风种的控制器，由 74LS175 的三个输出端选择其中的一种工作方式。间断工作时，在 74LS175 的 CP 端加入一个周期时钟信号作为"自然风"的间断控制，二分频后再作为"睡眠风"转台的控制输入。

4）定时控制电路：该电路是由 NE555 构成的单稳态电路，及 74LS192 构成的减数电路以及由 74LS48 译码器和数码管构成的显示器电路。其中单稳态电路的功能是产生秒脉冲使减数电路实现定时功能，译码器和数码管用来显示定时剩余时间。

5）按键音电路：按键音电路由或门 74LS32 及蜂鸣器构成。蜂鸣器一端接地，另一端接 74LS32 的输出端，74LS32 的一个输入端接高电平，另一端接拨动开关 K1、K2。当按下开关时蜂鸣器导通，发出蜂鸣式的按键音。

电路通过按下按键产生单次脉冲，再通过状态锁存电路来控制风扇的工作状态以及 6 个指示灯来显示电风扇的工作状态。三个按键分别控制不同的功能——风速、风种、停止。操作电扇的原理状态转换图如图 4-9 所示。电风扇的操作面板示意如图 4-10 所示。

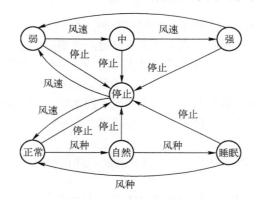

图 4-9　电风扇原理状态转换图

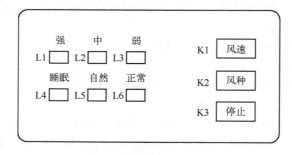

图 4-10　电风扇的操作板面示意图

电风扇的操作方式和状态指示方式如下。

1）电风扇处于停止状态时，所有指示灯不亮；此时只有按"风速"键电扇才会启动。此时风扇的工作状态处于"弱风"和"正常风"状态且相应的指示灯亮。

2）电扇一经启动，按动"风速"键可循环选择弱、中、强中的一种工作状态；同时，按动"风种"键可循环选择正常、自然、睡眠中的一种工作状态。

电风扇在任意工作状态下，按下"停止"键可以使电风扇停止工作，所有指示灯不亮。

课题7　基于 EDA 技术的简易数字频率计

1．课题概述

EDA 技术是以大规模可编程逻辑器件为设计载体，以硬件语言为系统逻辑描述的主要方式，以计算机、大规模可编程逻辑器件的开发软件及实验开发系统为设计工具，通过有关的开发软件，自动完成电子系统的硬件部分设计，最终形成集成电子系统或专用集成芯片的一门新技术。其设计的灵活性使得 EDA 技术得以快速发展和广泛应用。

在电子技术中，频率是最基本的参数之一，并且与许多电参量的测量方案、测量结果都有十分密切的关系，因此频率的测量就显得更为重要。测量频率的方法有多种，其中电子计数器测量频率具有精度高、使用方便、测量迅速，以及便于实现测量过程自动化等优点，是频率测量的重要手段之一。

2．设计任务和要求

1）在 CPLD 中设计一个数字频率计电路，设计要求：测量范围为 1Hz～1MHz，分辨率 $<10^{-4}$，数码管动态扫描显示电路的 CPLD 下载与实现。

2）使用 LabVIEW 进行虚拟频率计的软件设计。要求设计软件界面，闸门时间为 4 档，即 1s、100ms、10ms、1ms，频率数字显示。

3）使用设计虚拟逻辑分析仪软件和 CPLD 电路进行软硬件调试和测试。

3．设计方案提示

（1）测频原理

所谓"频率"，就是周期性信号在单位时间内变化的次数。电子计数器严格按照 $f=N/T$ 的定义进行测频，其对应的测频原理框图和工作时间波形如图 4-11 所示。从图 4-11 中可以看出测量过程：输入待测信号经过脉冲电路形成计数的窄脉冲，时基信号发生器产生计数闸门信号，待测信号通过闸门进入计数器计数，即可得到其频率。若闸门开启时间为 T、待测信号频率为 f_x，在闸门时间 T 内计数器计数值为 N，则待测频率为

$$f_x = N/T$$

假设闸门时间为 1s，计数器的值为 1000，则待测信号频率应为 1000Hz 或 1.000kHz，此时，测频分辨力为 1Hz。

本实验的闸门时间分为 4 档：1s、100ms、10ms、1ms。

（2）数字频率计组成

本实验要求的数字频率计组成如图 4-12 所示，频率计的硬件电路（见图 4-11）在 CPLD 芯片中实现，测量结果通过实验箱提供的 EPP 通信接口送给计算机，频率计的软件和人机界面由计算机完成，同时计算机还可输出清零和闸门选择的控制信号给电路。

本实验的任务一是在提供的 CPLD 实验板上设计和实现频率计测量电路；二是在计算机上使用 LabVIEW 软件设计频率计界面和程序。

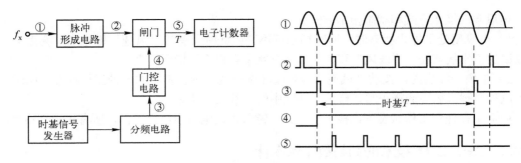

图 4-11　测频原理框图和时间波形

课题 8　简易数字频率计设计

1．课题概述

众所周知，频率信号易于传输，抗干扰性强，可以获得较好的测量精度。因此，频率检测是电子测量领域最基本的测量之一。频率计主要用于测量正弦波、矩形波、三角波和尖脉冲等周期信号的频率值。其扩展功能可以测量信号的周期和脉冲宽度。

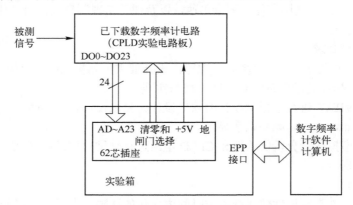

图 4-12　数字频率计组成框图

频率计的基本原理是用一个频率稳定度高的频率源作为基准时钟，对比测量其他信号的频率。通常情况下计算每秒内待测信号的脉冲个数，即闸门时间为 1s。闸门时间可以根据需要取值，大于或小于 1s 都可以。闸门时间越长，得到的频率值就越准确，但闸门时间越长，则每测一次频率的间隔就越长。闸门时间越短，测得的频率值刷新就越快，但测得的频率精度就受影响。一般取 1s 作为闸门时间。

数字频率计的整体结构要求如图 4-13 所示。图中被测信号为外部信号，送入测量电路进行处理、测量，档位转换用于选择测试的项目——频率、周期或脉宽，若测量频率则进一步选择档位。

2．设计任务与要求

（1）电气指标

1）被测信号波形：正弦波、三角波和矩形波。

2）测量频率范围：1～999Hz；0.01～9.99kHz；
0.1～99.9kHz

图 4-13　数字频率计整体结构框图

3）测量周期范围：1ms～1s。

4）测量脉宽范围：1ms～1s。

5）测量精度：显示 3 位有效数字（要求分析 1Hz、1kHz 和 999kHz 的测量误差）。

6）当被测信号的频率超出测量范围时报警。

（2）扩展指标

要求测量频率值时，1Hz～99.9kHz 的精度均为±1。

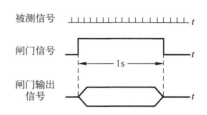

图 4-14　频率测量算法示意图

3. 设计方案提示

（1）算法设计

频率是周期信号每秒钟内所含的周期数值，可根据这一定义采用如图 4-14 所示的算法进行测量。图 4-15 是根据算法构建的框图。

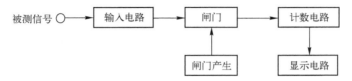

图 4-15　频率测量算法对应的框图

在测试电路中设置一个闸门产生电路，用于产生脉冲宽度为 1s 的闸门信号。该闸门信号控制闸门电路的导通与开断。让被测信号送入闸门电路，当 1s 闸门脉冲到来时闸门导通，被测信号通过闸门并到达后面的计数电路（计数电路用以计算被测输入信号的周期数），当 1s 闸门结束时，闸门再次关闭，此时计数器记录的周期个数为 1s 内被测信号的周期个数，即为被测信号的频率。测量频率的误差与闸门信号的精度直接相关，因此，为保证在 1s 内被测信号的周期量误差在 10^{-3} 量级，则要求闸门信号的精度为 10^{-4} 量级。例如，当被测信号为 1kHz 时，在 1s 的闸门脉冲期间计数器将计数 1000 次，由于闸门脉冲精度为 10^{-4}，闸门信号的误差不大于 0.1s，故由此造成的计数误差不会超过 1，符合 $5×10^{-3}$ 的误差要求。进一步分析可知，当被测信号频率增高时，在闸门脉冲精度不变的情况下，计数器误差的绝对值会增大，但是相对误差仍在 $5×10^{-3}$ 范围内。

但是这一算法在被测信号频率很低时便呈现出严重的缺点，例如，当被测信号为 0.5Hz 时其周期是 2s，这时闸门脉冲仍为 1s 显然是不行的，故应加宽闸门脉冲宽度。假设闸门脉冲宽度加至 10s，则闸门导通期间可以计数 5 次，由于数值 5 是 10s 的计数结果，故在显示之间必须将计数值除以 10。

（2）整体方框图及原理

测量频率和周期的原理框图分别如图 4-16 和图 4-17 所示。

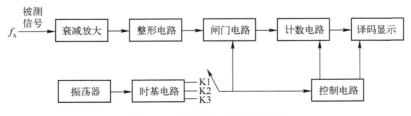

图 4-16　测量频率的原理框图

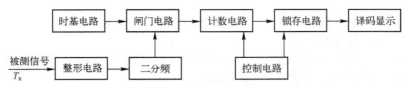

图 4-17 测量周期的原理框图

输入电路：由于输入的信号可以是正弦波、三角波，而后面的闸门或计数电路要求被测信号为矩形波，所以需要设计一个整形电路，以便在测量的时候，首先通过整形电路将正弦波或者三角波转化成矩形波。在整形之前由于不清楚被测信号的强弱情况，所以在通过整形之前需要经过放大或衰减处理。当输入信号电压幅度较大时，通过输入衰减电路将电压幅度降低；当输入信号电压幅度较小时，前级输入衰减为零时若不能驱动后面的整形电路，则调节输入放大的增益，使被测信号得以放大。

频率测量：测量频率的原理框图如图 4-16 所示。测量频率共有 3 个档位。被测信号经整形后变为脉冲信号（矩形波或者方波），送入闸门电路，等待时基信号的到来。时基信号由 555 定时器构成的多谐振荡器产生，经整形分频后，产生一个标准的时基信号，作为闸门开通的基准时间。被测信号通过闸门，作为计数器的时钟信号，计数器即开始记录时钟的个数，这样就达到了测量频率的目的。

周期测量：测量周期的原理框图如图 4-17 所示。测量周期的方法与测量频率的方法相反，即将被测信号经整形、二分频电路后转变为方波信号。方波信号中的脉冲宽度恰好为被测信号的 1 个周期。将方波的脉宽作为闸门导通的时间，在闸门导通的时间里，计数器记录标准时基信号通过闸门的重复周期个数。计数器累计的结果可以换算出被测信号的周期，用时间 T_x 来表示，即 $T_x=NT_s$。式中，T_x 为被测信号的周期；N 为计数器脉冲计数值；T_s 为时基信号周期。

时基电路：时基电路是由 555 定时器、电阻 R_a、R_b 和电容 C 构成的多谐振荡器，其两个暂态时间分别为：$T_1=0.7(R_a+R_b)C$，$T_2=0.7R_bC$。重复周期为 $T=T_1+T_2$。由于被测信号范围为 $1\sim10^6$Hz，如果只采用一种闸门脉冲信号，则只能是 10s 脉冲宽度的闸门信号，若被测信号频率较高，计数电路的位数要很多，而且测量时间过长会给用户带来不便，所以可将频率范围设为几档：$1\sim$999Hz 档采用 1s 闸门脉宽；$0.01\sim9.99$kHz 档采用 0.1s 闸门脉宽；$0.1\sim99.9$kHz 档采用 0.01s 闸门脉宽。多谐振荡器经二级 10 分频电路后，可提取因档位变化所需的闸门时间 1ms、0.1ms、0.01ms。闸门时间要求非常准确，它直接影响到测量精度，在要求高精度、高稳定度的场合，通常用晶体振荡器作为标准时基信号。在电路中引进电位器来调节振荡器产生的频率，使之能够产生 1kHz 的信号。这对后面的测量精度起到决定性的作用。

计数显示电路：在闸门电路导通的情况下，开始计数被测信号中有多少个上升沿。在计数的时候数码管不显示数字。当计数完成后，此时要使数码管显示计数完成后的数字。

控制电路：控制电路里要产生计数清零信号和锁存控制信号。控制电路工作波形的示意图如图 4-18 所示。

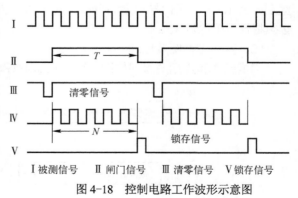

I 被测信号　II 闸门信号　III 清零信号　V 锁存信号

图 4-18　控制电路工作波形示意图

4.5 数字电子技术课程设计参考题

1. 集成数字式闹钟

（1）时钟功能：具有 24h 或 12h 的计时方式，显示时、分、秒。

（2）具有快速校准时、分、秒的功能。

（3）能设定起闹时刻，响闹时间为 1min，超过 1min 自动停止；具有人工止闹功能；止闹后不再重新操作，将不再发生起闹。

（4）计时准确度：每天计时误差不超过 10s。

（5）供电方式：220V，50Hz 交流供电，当交流中断时，自动接上内部备用电源供电，不影响计时功能。

2. 直流可变稳压电源的设计

（1）用集成芯片制作一个 0～15V 的直流电源。

（2）功率要求 15W 以上。

（3）测量直流稳压电源的纹波系数。

（4）具有过压、过流保护。

3. OTL 互补对称功率放大器

（1）利用晶体管构成互补推挽 OTL 功放电路。

（2）功率放大倍数自定义。

（3）测量 OTL 互补对称功率放大器的主要性能指标。

4. PID 调节器

（1）比例系数、积分时间、微分时间可调，参数自定义。

（2）P、PI、PD、PID 可分别设置。

（3）在计算机上仿真。

5. 有源滤波器

（1）由运算放大器组成有源低通、高通、带通、带阻滤波器。

（2）通频带自定义。

（3）测量设计的有源滤波器的幅频特性。

（4）选用通用运算放大器，运放的开环增益应在 80dB 以上。

6. 简易万用电表的制作

（1）设计由集成运放组成万用电表。

（2）至少能测量电阻、电容、电流和电压。

（3）选择适当的元器件并安装调试。

（4）测量一些电子元器件的参数，检验其测量准确率。

7. 信号峰值检测仪

（1）自定义检测信号，如机械应力、工频电压、工频电流等物理量。

（2）测量结果数字动态显示，显示位数自定义。

（3）要求检测仪能稳定的保持输入信号的峰值。

8. 楼道触摸延时开关

（1）设计一楼道触摸延时开关，其功能是当人用手触摸开关时，照明灯点亮，并持续一段时间后自动熄灭。

（2）开关的延时时间约 1min。

9. 自动水龙头的设计

（1）设计一个红外线自动水龙头电路，要求当人或物体靠近时，水龙头自动放水，而人或物体离开时水龙头自动关闭。

（2）采用红外线传感器。

（3）开关使用电磁阀工作。

10. 简易交通灯控制逻辑电路设计

（1）东西方向绿灯亮，南北方向红灯亮，时间 15s。

（2）东西方向与南北方向黄灯亮，时间 5s。

（3）南北方向绿灯亮，东西方向红灯亮，时间 10s。

（4）如果发生紧急事件，可以手动控制四个方向红灯全亮。

11. 波形发生器

（1）用集成运放组成的正弦波、方波和三角波发生器。

（2）幅值和频率自定义。

（3）正弦波、方波和三角波的幅值、频率、相位可调。

12. 过/欠电压保护提示电路

（1）设计一个过欠电压保护电路，当电网交流电压大于 250V 或小于 180V 时，经 3～4s 本装置将切断用电设备的交流供电，并用 LED 发光警示。

（2）在电网交流电压恢复正常后，经本装置延时 3～5min 后恢复用电设备的交流供电。

13. 音乐彩灯控制器

（1）设计一个音乐声响与彩灯灯光相互组合的彩灯控制电路。

（2）有三路不同控制方法的彩灯，用不同颜色的 LED 表示。

（3）第一路为音乐节奏控制彩灯，按音乐节拍变换彩灯花样。

（4）第二路按音乐大小控制彩灯，音量大时，彩灯亮度加大，反之亦然。

（5）第三路按因调高低控制彩灯。

14. 简易频率计

（1）设计制作一个简易频率测量电路，实现数码显示。

（2）测量范围：10Hz～99.99kHz。

（3）测量精度：10Hz。

（4）输入信号幅值：20mV～5V。

（5）输入阻抗：1MΩ。

（6）显示方式：4 位 LED 数码。

15. 电子秒表电路

（1）显示分辨率为 1s/100，外接系统时钟频率为 100kHz。

（2）计时最长时间为 1h，六位显示器，显示时间最长为 59min59.99s。

（3）系统设置起/停键和复位键。复位键用来消零，做好计时准备、起/停键是控制秒表起停的功能键。

16. 数字电子钟设计

（1）显示时、分、秒。

（2）可以 24 小时制或 12 小时制。

（3）具有校时功能，分别对小时和分钟单独校时，对分钟校时的时候，最大分钟不向小时进位。校时时钟源可以手动输入或借用电路中的时钟。

（4）具有正点报时功能，正点前 10s 开始，蜂鸣器 1s 响 1s 停地响 5 次。

（5）为了保证计时准确、稳定，由晶体振荡器提供标准时间的基准信号。

17．抢答器电路设计

（1）可容纳八组参赛的数字式抢答器。

（2）电路具有第一抢答信号的鉴别与保持功能。

（3）抢答优先者声光提示。

（4）回答计时与计分。

18．电子调光控制器

（1）设计并制造用电子控制的调光控制器。

（2）控制器的控制信号输入用触摸开关。

（3）灯光控制应满足亮度变化平稳且单调变化，不会发生忽暗忽明现象。

（4）供电 AC220V、50Hz。

19．数字显示电阻测量仪

（1）设计并制作 $4\frac{1}{2}$ 位数字显示电阻测量仪，电阻值用 LED 数码管显示，单位为 Ω 或 kΩ 或 MΩ，在不同单位时，应有相应的指示。

（2）测量的电阻值范围为 0.01Ω～20MΩ。

（3）测量误差：相对误差<2%。

（4）测量量程分档：0～199.99Ω；0～1999.9Ω；0～20kΩ；0～200kΩ；0～2000kΩ；0～20MΩ。

（5）具有测量刻度标准功能，通过外接标准电阻来调节实现此功能。

20．水位控制器

（1）设计并制作一个水塔水位控制器，该控制器具有四个水位检测输入，由低到高水位检测点分别为 H1、H2、H3、H4；控制器根据水位状态控制两台水泵的工作。

（2）在各水位检测点，应能准确可靠地检测出水位状态，所设计（或选购）的传感器能经受长期水泡的工作环境而不影响其性能。

（3）两台水泵分别为 M1 和 M2，当水位低于 H1 时，开水泵 M1 和 M2，当水位高于 H4 时，关掉两台水泵。水位由 H1 上升至 H3 时，关掉水泵 M1；水位由 H4 降至 H2 时，打开水泵 M1。

（4）备用泵的控制:当两台工作水泵中的任一台发生故障时，应能检测出故障，并使备用水泵投入工作而取代故障水泵。在备用水泵投入运行后，对故障水泵有相应的指示。

（5）每台水泵的功率设为 10kW。

21．逻辑电路控制的公共汽车语音报站器

（1）用 EPROM（或 E²PROM）、语音芯片及相应的控制逻辑电路，制作一个公共汽车语音报站器。

（2）报站点可达 10 个。

（3）每个站报站一次的时间 15s，重复次数 2～5 次，可由开关选定。

（4）所用的按键数量尽可能少且应易于操作。

（5）供电用汽车蓄电池。

（6）所驱动的喇叭功率为2×8W。

22. 脉冲按键电话按键显示器

（1）设计并制作具有 12 位显示的电话按键显示器。

（2）能准确反映按键数字，例如按下"5"，则显示器显示"5"。

（3）显示器显示从低位向高位前移，逐位显示按键数字，最低位为当前输入位。

（4）重按键时，能首先清楚显示。

（5）直接利用电话机电源。

（6）在挂机 2min 后或按熄灭按键，熄灭显示器显示。

23. 视频信号切换器

（1）设计并制作一个适用于闭路电视监视系统中，对多路视频信号进行切换选择的视频信号切换器。

（2）视频信号共有 8 个通道。

（3）要求能显示当前接通的通道号。

（4）具有手动选择切换视频通道和自动循回切换通道的功能。

（5）在选择手动切换时，按一下通道按键选择该通道，直到再按下其他通道为止。

（6）在自动状态时，轮流接通各通道，每个通道的接通时间比例可编程设定，时间长短可通过相关按钮选择。

（7）每次只能接通一路，用电磁继电器执行操作。

24. 简易数字相位计

（1）具有两个信号输入通道，且每个输入通道的阻抗均大于1M。

（2）输入信号频率范围自定义。

（3）输入信号幅值自定义。

（4）能分辨超前与滞后。

（5）测量精度为 0.10。

（6）分析测量误差产生的原因及可改进的措施。

25. 循环彩灯控制器

（1）共有红、绿、黄 3 色彩灯各 9 个，要求按一定顺序和时间关系运行。

（2）动作要求：先红灯，后绿灯，再黄灯，分别按 0.5s 的间隔跑动一次，然后，全部红灯亮5s，再黄灯，后绿灯，各一次。以此循环。

（3）对各组灯的控制，要求有驱动电路。

（4）对跑动电路，可以每 3 个一组，交叉安装，分别点亮每一组，利用视觉暂停，达到跑动的效果。

（5）系统要求仿真实验。

26. 复用 4×4 键盘电路

（1）通过功能（拨码）开关设置复用键盘表现为两种使用方式。

（2）一种工作方式呈现 4×4 矩阵键盘（占用 8 个口线），另一种工作方式呈现 16 个单一按键（占用 16 个口线）。

（3）作为 16 个单一按键使用时每个按键信号值既可以高电平有效也可以低电平有效。

27．设计电子脉搏计

（1）实现在 15s 内测量 1min 的脉搏数。

（2）用数码管将测得的脉搏数用数字的形式显示。

（3）测量误差小于±4 次/min。

（4）画出电路原理图。

（5）进行电路的仿真与调试。

28．简易洗衣机控制器设计

（1）设计一个电子定时器，控制洗衣机按如下洗涤模式进行工作。

定时起动→正转20s→暂停10s→反转20s→暂停10s —定时到→ 停机

定时未到

（2）当定时时间达到终点时，一方面使电动机停机，同时发出音响信号提醒用户注意。

（3）用两位数码管显示洗涤的预置时间（以分钟为单位），按倒计时方式对洗涤过程做计时显示，直到时间到而停机。

（4）三只 LED 灯表示"正转""反转"和"暂停"3 个状态。

（5）画出电路原理图。

（6）进行电路的仿真与调试。

29．电子密码锁

（1）用电子器件设计制作一个密码锁，使之在输入正确的代码时开锁。

（2）在锁的控制电路中设一个可以修改的 4 位代码，当输入的代码和控制电路的代码一致时锁打开。

（3）用红灯亮、绿灯灭表示关锁，绿灯亮、红灯灭表示开锁。

（4）如 5s 内未将锁打开，则电路自动复位进入自锁状态，并发报警信号。

30．步进电动机控制电路的设计

（1）使用 D 触发器或主从 JK 触发器设计一个兼有三相六拍、三相三拍两种工作方式的脉冲分配器。

（2）能控制步进电动机做正向和反向运动。

（3）设计电路工作的时钟信号频率为 10～100Hz。

（4）设计驱动步进电动机的脉冲放大电路，使之能驱动一个相电压为 24V、相电流为 0.2A 的步进电动机工作。

31．超声波防盗报警装置

（1）利用超声波发射器与接收器设计出一个室内防盗报警装置。

（2）要求侦测范围 5~10m。

（3）有效范围内侦测到有物体移动时，延迟约 20s 发出声光报警。

（4）有容许使用者进入时切除报警的装置。

（5）发出报警信号 2min 后，自动切除报警。

32．电冰箱保护器

（1）设计并制作电冰箱保护器，具有过、欠电压保护，上电延时等功能。

（2）电压在 180～250V 范围内，正常供电时绿灯亮。

（3）过电压保护：当电压高于 250V 时，自动切断电源，切红灯亮。

（4）欠电压保护：当电压低于 180V 时，自动切断电源，切红灯亮。

（5）延时保护：在上电、欠电压、过电压保护切断电源时，延时 3～5min 才可接通电源。

33．双工对讲机的设计与制作

（1）采用集成运放和集成功放及阻容元件设计对讲机电路，实现甲、乙双方异地有线通话对讲。

（2）用扬声器兼作话筒和喇叭，双向对讲，互不影响。

（3）电源电压+9V，P0 小于等于 0.5W，工作可靠，互不影响。

（4）设计所需的直流电源。

（5）设计制作无线对讲机电路。

34．路灯控制器的设计与制作

（1）设计制作一个路灯自动照明的控制电路，当日照光亮到一定程度时路灯自动熄灭，而日照光亮暗到一定程度时路灯自动点亮。

（2）设计计时电路，用数码管显示路灯当前一次的连续开启时间。

（3）设计计数显示电路，统计路灯的开启次数。

附　　录

附录 A　Proteus 仿真软件介绍与应用

A.1　Proteus 仿真软件概述

Proteus 软件是英国 Lab Center Electronics 公司开发的 EDA 工具软件。它不仅具有其他 EDA 软件的模拟电路和数字电路的仿真功能，还能仿真单片机及外围器件。它是目前国内外高校比较流行的仿真软件。虽然国内推广起步晚，但目前已受到电子技术和单片机爱好者、从事电子技术和单片机教学的教师、致力于电子技术和单片机开发应用的科技工作者的青睐。

Proteus 是国内外著名的 EDA 工具，从原理图布图、代码调试到单片机、嵌入式系统与外围电路协同仿真，一键切换到 PCB 设计，真正实现了从概念到产品的完整设计。是世界上唯一将电路仿真软件、PCB 设计软件和虚拟模型仿真软件三合一的设计平台，其处理器模型支持 8051、HC11、PIC10/12/16/18/24/30/DSPIC33、AVR、ARM、8086 和 MSP430 等，2010 年又增加了 Cortex 和 DSP 系列处理器，并持续增加其他系列处理器模型。在编译方面，它也支持 IAR、Keil 和 MATLAB 等多种编译器。

1. 功能特点

Proteus 软件具有其他 EDA 工具软件如 EWB、Multisim 的功能。例如：①原理布图；②PCB 自动或人工布线；③SPICE 电路仿真。

该软件具有革命性的特点，具体如下。

（1）互动的电路仿真

用户可以实时采用 RAM、ROM、键盘、电动机、LED、LCD、AD/DA，部分 SPI 器件、部分 IIC 器件。

（2）仿真处理器及其外围电路

能够仿真 51 系列、AVR、PIC、ARM 等常用主流单片机和嵌入式芯片。还可以直接在基于原理图的虚拟原型上编程，再配合显示及输出，能看到运行后输入输出的效果。配合系统配置的虚拟逻辑分析仪、示波器等，Proteus 建立了完备的电子设计开发环境。

2. 功能模块

（1）智能原理图设计

1）丰富的器件库：超过 27000 种元器件，可方便地创建新元器件。

2）智能的元器件搜索：通过模糊搜索可以快速定位所需要的元器件。

3）智能化的连线功能：自动连线功能使连接导线简单快捷，大大缩短绘图时间。

4）支持总线结构：使用总线器件和总线布线使电路设计简明清晰。

5）可输出高质量图纸：通过个性化设置，可以生成印刷质量的 BMP 图纸，可以方便地供 WORD、POWERPOINT 等多种文档使用。

（2）完善的电路仿真功能

1）ProSPICE 混合仿真：基于工业标准 SPICE3F5，实现数字/模拟电路的混合仿真。

2）超过 27000 种仿真器件：可以通过内部原型或使用厂家的 SPICE 文件自行设计仿真元器件，Labcenter 也在不断地发布新的仿真元器件，还可导入第三方发布的仿真元器件。

3）多样的激励源：包括直流、正弦、脉冲、分段线性脉冲、音频（使用 wav 文件）、指数信号、单频 FM、数字时钟和码流，还支持文件形式的信号输入。

4）丰富的虚拟仪器：13 种虚拟仪器，面板操作逼真，如示波器、逻辑分析仪、信号发生器、直流电压/电流表、交流电压/电流表、数字图案发生器、频率计/计数器、逻辑探头、虚拟终端、SPI 调试器、I^2C 调试器等。

5）生动的仿真显示：用色点显示引脚的数字电平，导线以不同颜色表示其对地电压大小，结合动态器件（如电动机、显示器件、按钮）的使用可以使仿真更加直观、生动。

6）高级图形仿真功能（ASF）：基于图标的分析可以精确分析电路的多项指标，包括工作点、瞬态特性、频率特性、传输特性、噪声、失真、傅里叶频谱分析等，还可以进行一致性分析。

（3）单片机协同仿真功能

1）支持主流的 CPU 类型：如 ARM7、8051/52、AVR、PIC10/12、PIC16、PIC18、PIC24、dsPIC33、HC11、BasicStamp、8086、MSP430 等，CPU 类型随着版本升级还在继续增加，如即将支持 CORTEX、DSP 处理器。

2）支持通用外设模型：如字符 LCD 模块、图形 LCD 模块、LED 点阵、LED 七段显示模块、键盘/按键、直流/步进/伺服电动机、RS232 虚拟终端、电子温度计等，其 COMPIM（COM 口物理接口模型）还可以使仿真电路通过 PC 机串口和外部电路实现双向异步串行通信。

3）实时仿真：支持 UART/USART/EUSARTs 仿真、中断仿真、SPI/I^2C 仿真、MSSP 仿真、PSP 仿真、RTC 仿真、ADC 仿真、CCP/ECCP 仿真。

4）编译及调试：支持单片机汇编语言的编辑/编译/源码级仿真，内带 8051、AVR、PIC 的汇编编译器，也可以与第三方集成编译环境（如 IAR、Keil 和 Hitech）结合，进行高级语言的源码级仿真和调试。

（4）实用的 PCB 设计平台

1）原理图到 PCB 的快速通道：原理图设计完成后，一键便可进入 ARES 的 PCB 设计环境，实现从概念到产品的完整设计。

2）先进的自动布局/布线功能：支持器件的自动/人工布局；支持无网格自动布线或人工布线；支持引脚交换/门交换功能使 PCB 设计更为合理。

3）完整的 PCB 设计功能：最多可设计 16 个铜箔层、2 个丝印层、4 个机械层（含板边），灵活的布线策略供用户设置，自动设计规则检查，3D 可视化预览。

4）多种输出格式的支持：可以输出多种格式文件，包括 Gerber 文件的导入或导出，便于与其他 PCB 设计工具的互转（如 protel）和 PCB 的设计和加工。

3．资源丰富

1）Proteus 可提供的仿真元器件资源：仿真数字和模拟、交流和直流等数千种元器件，有 30 多个元件库。

2）Proteus 可提供的仿真仪表资源：示波器、逻辑分析仪、虚拟终端、SPI 调试器、I^2C

调试器、信号发生器、模式发生器、交直流电压表、交直流电流表。理论上同一种仪器可以在一个电路中随意调用。

3）除了现实存在的仪器外，Proteus 还提供了一个图形显示功能，可以将线路上变化的信号以图形的方式实时地显示出来，其作用与示波器相似，但功能更多。这些虚拟仪器仪表具有理想的参数指标，例如极高的输入阻抗、极低的输出阻抗。这些都尽可能减少了仪器对测量结果的影响。

4）Proteus 可提供的调试手段：Proteus 提供了比较丰富的测试信号用于电路的测试。这些测试信号包括模拟信号和数字信号。

4. 电路仿真

在 Proteus 绘制好原理图后，调入已编译好的目标代码文件*.HEX，可以在 Proteus 的原理图中看到模拟的实物运行状态和过程。

Proteus 是模拟电路、数字电路、单片机和嵌入式系统课堂教学的先进助手。Proteus 不仅可将许多单片机实例功能形象化，也可将许多单片机实例运行过程形象化。前者可在相当程度上得到实物演示实验的效果，后者则是实物演示实验难以达到的效果。

它的元器件、连接线路等却和传统的单片机实验硬件高度对应。这在相当程度上替代了传统的单片机实验教学的功能，如元器件选择、电路连接、电路检测、电路修改、软件调试、运行结果等。

课程设计、毕业设计是学生走向就业的重要实践环节。由于 Proteus 提供了实验室无法相比的大量元器件库，保证了修改电路设计的灵活性、提供了实验室在数量、质量上难以相比的虚拟仪器、仪表，因而也提供了培养学生实践精神、创造精神的平台。

随着科技的发展，"计算机仿真技术"已成为许多设计部门重要的前期设计手段。它具有设计灵活，结果、过程统一的特点。可使设计时间大为缩短、耗资大为减少，也可降低工程制造的风险。相信在单片机开发应用中 Proteus 也能获得越来越广泛的应用。

使用 Proteus 软件进行单片机系统仿真设计，是虚拟仿真技术和计算机多媒体技术相结合的综合运用，有利于培养学生的电路设计能力及仿真软件的操作能力；在单片机课程设计和全国大学生电子设计竞赛中，使用 Proteus 开发环境对学生进行培训，在不需要硬件投入的条件下，学生普遍反映，比单纯学习书本知识更容易接受，更容易得到能力的提高。实践证明，在使用 Proteus 进行系统仿真开发成功之后再进行实际制作，能极大提高单片机系统设计效率。因此，Proteus 有较高的推广利用价值。

Proteus 的最新版为 8.8 版，增加了 ARM cortex 处理器，在 7.10 版本中已经增加 DSP 系列（TMS320）。

5. 应用领域

（1）教学领域

Proteus 是一个巨大的教学资源，可以用于：

1）模拟电路与数字电路的教学与实验；

2）单片机与嵌入系统软件的教学与实验；

3）微控制器系统的综合实验；

4）创新实验与毕业设计；

5）项目设计与产品开发。

（2）技能考评领域

Proteus 能提供考试所需所有资源，其优势在于：

1）Proteus 能直观评估硬件电路设计的正确性；

2）Proteus 能直观地对硬件原理图进行调试；

3）Proteus 能验证整个设计的功能；

4）测试可控、易评估、易实施。

（3）产品开发领域

Proteus Design Suite 集成了原理图捕获、SPICE 电路仿真和 PCB 设计等功能，形成一个完整的电子设计系统。对于通用微处理器，还可以运行实际固件程序进行仿真。与传统的嵌入式设计过程相比，这个软件包能极大地缩短开发时间。

使用 Proteus 开发产品的优势在于：

1）从产品概念到设计完成的完整仿真与开发平台；

2）预研设计与项目评估，减少开发风险；

3）ODM 的虚拟样机；

4）强大的分析与调试功能克服新手的经验不足；

5）软硬件的交互仿真与测试大大减少后期测试工作量；

6）便于项目管理与团队开发。

A.2 Proteus 软件初步使用

本节通过介绍 4 位彩灯双向移位控制电路的搭建和仿真的整体流程，了解如何使用 Proteus 软件的原理图设计模块（ISIS）。本教程使用的 Proteus 版本是 Proteus8.6 专业版。

（1）运行 ISIS 8 Professional，出现图 A-1 所示原理图设计界面

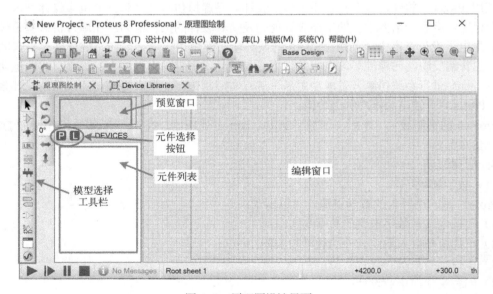

图 A-1 原理图设计界面

（2）获取实验所需元件

选择元件，把元件添加到元件列表中：单击元件选择按钮"P"（pick），如图 A-2 所示。接下来会弹出元件选择窗口，如图 A-3 所示。

图 A-2　获取实验所需元件

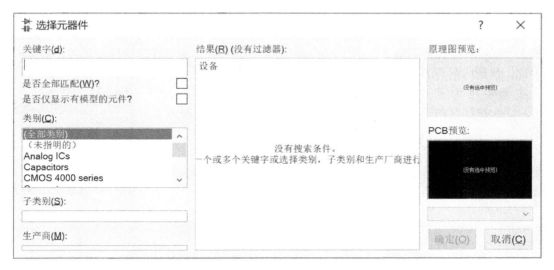

图 A-3　元件选择窗口

在左上角的对话框"关键字"中输入需要的元件名称，如图 A-4 所示。

本实验需要的元件有：4 位移位寄存器（74LS194），双 D 触发器（74LS74），二输入与门（AND），发光二极管（LED-BLBY）。可以输入元器件具体或部分英文名称，利用关键字能找到对应的元器件，图 A-5 给出了元件"74LS194"的搜索结果和功能区划分。

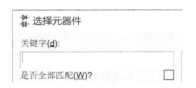

图 A-4　元器件选择

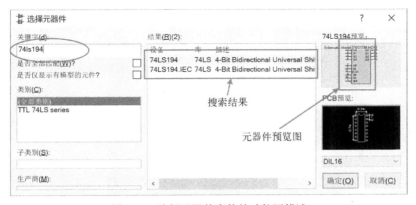

图 A-5　选择元器件窗体的功能区描述

在出现的搜索结果中双击需要的元器件，该元器件便会添加到主窗口左侧的元器件列表区，如图 A-6 和图 A-7 所示。

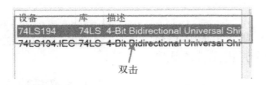

图 A-6　元器件选择窗体中选择结果　　　　　图 A-7　元器件列表的变化

也可以通过元器件的相关参数来搜索，如果需要 30pF 的电容，可以在"关键字"对话框中输入"30p"；文档最后附有一个"Proteus 常用元器件库"，可以在里面找到相关元器件的英文名称。找到所需要的元器件并把它们添加到元器件区。

实验中用到了 74LS74、74LS194、AND、LED-BIBY、RES，依次找到这些元器件，添加至元器件列表窗口，如图 A-8 所示。

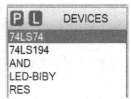

分别在端口工具和仪器工具中找到实验所需的电源（POWER）、接地（GROUND）和数字频率计（DCLOCK），添加至绘图区，如图 A-9 和图 A-10 所示的元器件位置。

图 A-8　元器件选择位置

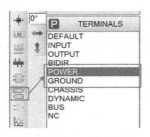

图 A-9　端口工具选择

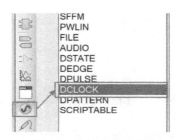

图 A-10　仪器工具选择

（3）绘制电路图

1）选择元器件

在元器件列表区单击选中 74LS194，将鼠标移到右侧编辑窗口中，鼠标变成铅笔形状，单击左键，将 74LS194 放入原理图，可左键拖动 74LS194 移动至合适位置，如图 A-11 所示。

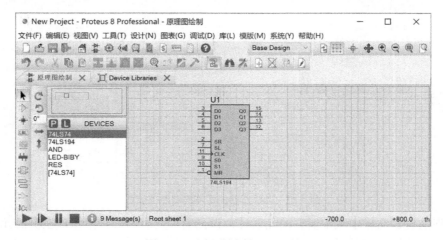

图 A-11　原理图中放置元器件

依次将各个元件放置到绘图编辑窗口的合适位置，如图 A-12 所示。

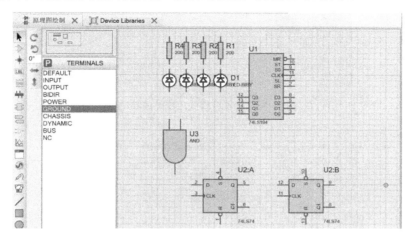

图 A-12　绘图编辑区元器件的放置

2）绘制电路图时常用的操作

① 放置元器件到绘图区：单击列表中的元器件，然后在右侧的绘图区单击，即可将元器件放置到绘图区（每单击一次鼠标就绘制一个元器件，在绘图区空白处单击右键结束这种状态）。

② 删除元件：右击元器件一次表示选中，（被选中的元器件呈红色），选中后再一次右击则是删除。

③ 移动元器件：右击选中，然后用左键拖动。

④ 旋转元器件：选中元器件，按数字键盘上的“+”或“-”号能实现 90 度旋转。

以上操作也可以直接右击元器件，在弹出的菜单中直接选择，如图 A-13。

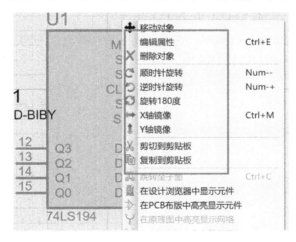

图 A-13　元器件右键属性

⑤ 放大/缩小电路视图：可直接滚动鼠标滚轮，视图会以鼠标指针为中心进行放大/缩小；绘图编辑窗口没有滚动条，只能通过预览窗口来调节绘图编辑窗口的可视范围。

⑥ 在预览窗口中移动浅色方框的位置即可改变绘图编辑窗口的可视范围，图 A-14 和

图 A-15 可看出这种变化。

图 A-14　预览窗口浅色框体的移动

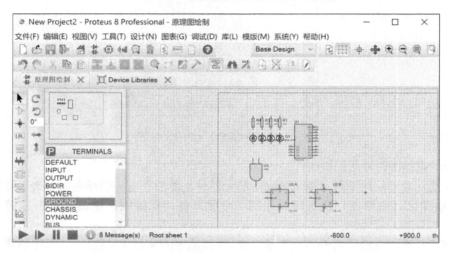

图 A-15　预览窗口和绘图区域的对应

⑦ 连线：将鼠标指针靠近元件的一端，当鼠标的铅笔形状变为绿色时，表示可以连线了，单击该点，再将鼠标移至另一元件的一端，单击鼠标，两点间的线路就画好了。靠近连线后，双击右键可删除连线。

3）连接电路

按图 A-17 所示连接好所有线路（因为 Proteus 中单片机已默认提供源，所以不用给74LS194、74LS74 及双输入与门加电源）。

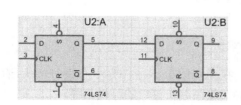

图 A-16　元器件之间的导线连接

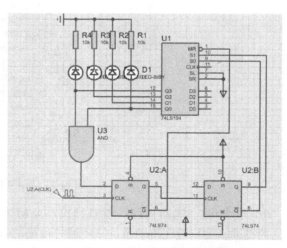

图 A-17　完成元器件的连接

4）编辑元器件，设置各元器件参数

双击元器件，会弹出编辑元器件的对话框。按照图 A-18 设置频率源的频率为 1Hz，按照图 A-19 设置全部电阻的阻值为 200Ω。

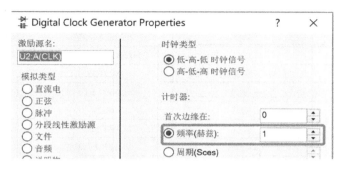

图 A-18　DCLOCK 频率源频率设定

图 A-19　电阻阻值设定

（4）仿真调试

在屏幕左下角找到仿真控制按钮 ► ►▶ ❚❚ ■，从左至右的按钮功能依次为运行、单步运行、暂停、停止，单击 ► 开始仿真，仿真结果如图 A-20 所示。

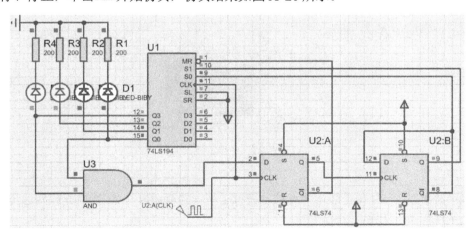

图 A-20　电路仿真结果

（5）Proteus 常用的分立元器件

为了方便原理图的绘制，表 A-1 给出了 Proteus 中基本的常用分立元器件，更多的元器件可参考 Proteus 网站给出的详细元器件信息。

表 A-1　Proteus 常用的分立元器件的英汉对照表

元件名称	中文名与说明	元件名称	中文名与说明
1N914	二极管	GROUND	地
74Ls00	与非门	POWER	电源
74LS04	非门	LOGICSTATE	逻辑状态 连接位置的逻辑状态
74LS08	与门	MASTERSWITCH	按钮 手动闭合，立即自动打开
7SEG	7 段数码管 输入 BCD 码	MOTOR	电动机
AND	与门	POT-LIN	三引线可变电阻器
OR	或门	RES	电阻
NOT	非门	SWITCH	按钮 手动按一下一个状态
NOR	或非门	VOLTMETER	伏特计
NAND	与非门	AMMETER	安培计
BATTERY	电池/电池组	BELL	钟，铃
BUS	总线	BUZZER	蜂鸣器
CAP	电容	INDUCTOR	电感
CAPACITOR	电容器	MOSFET	MOS 管
CAPACITOR POL	有极性电容	NPN	NPN 晶体管
CAPVAR	可调电容	SW	开关
CIRCUIT	熔断丝	SW-DPDY	双刀双掷开关
CON	插口	SW-PB	按钮
LOGICPROBE	逻辑探针	LAMP	灯
CRYSTAL	晶振	LED-RED	红色发光二极管

A.3　Proteus 软件常用虚拟仪器使用

1．虚拟示波器

虚拟示波器如图 A-21 所示。

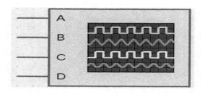

图 A-21　虚拟示波器

（1）简述

虚拟示波器以 ProSPICE 版本为标准，模拟了基本的双通道（V7 以前）或四通道（V7 以后）单元并且有以下特性。

1）双通道/四通道，X—Y 模式。

2）增益范围为 20V/每格～2mV/每格。

3）时基范围为 200ms/每格～0.5μs/每格。

4）可以锁定任何通道的自动触发电压。

5）AC 或 DC 耦合输入。

虚拟示波器界面如图 A-22 所示。

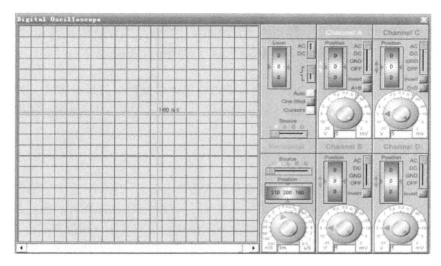

图 A-22　虚拟示波器界面

（2）示波器的使用

1）单击工具箱中的"Virtual Instrument"按钮，则在对象选择器中列出所包含的选项。从对象选择器中选择 OSCILLOSCOPE，则在预览窗口显示出示波器的图标。

2）在编辑窗口中单击左键，则添加了示波器。将示波器输入端和欲采样的信号输出端连接上。

3）在仿真控制面板上按下"开始"按钮，进行交互式仿真。此时，出现示波器窗口，如果显示双通道，选择 Dual 模式。

4）设置时基刻度盘到合适的值。此时，需要考虑电路中波形的频率，通过频率的倒数转换出周期。如果显示带直流偏移量的单通道，则选择 AC 模式。

5）调整 Y-gain 盘和 Y-pos 盘获得合适的波形大小和位置。当波形是具有直流电压偏移量的交流信号时，应该在被测节点和示波器之间加一电容。原因是 Y-pos 只能补偿一定数量的直流电压。

6）旋转触发按钮直到显示屏能捕捉到待测的输入波形。它锁定上升沿（拨上）或下降沿（拨下）。

（3）使用模式

虚拟示波器有如下 3 种模式。

1）单踪，即 Dual 和 X-Y 灯均不亮。在这一模式下。Ch1 和 Ch2 的 LED 显示灯表示在示波器中显示相应通道的信号。

2）双踪，即 Dual 的 LED 灯亮。在这一模式下，Ch1 和 Ch2 的 LED 表示相应通道的信号被用作触发。

3）X-Y 模式，即 X-Y 灯亮。在这一模式下。将分别以 Ch1 和 Ch2 通道数据作为 X 轴及 Y 轴的数据显示曲线。按动 Dual 模式与 X-Y 模式旁的按钮，可循环设置 3 种显示模式。

（4）示波器的触发

虚拟示波器具有自动触发功能。该功能使得输入波形可以与时基同步。Ch1 和 Ch2 的 LED 显示灯表示相应通道的信号被用于触发。连续旋转 Trigger 拨盘，可设置产生触发的电平和边沿。当拨盘指针指向上方时，锁定为上升沿触发；当拨盘指针指向下方时，锁定为下降沿触发，如果在多于一个时基周期内没有触发产生，则时基将自由运行。

（5）输入耦合

每一通道既可采用直接耦合方式，也可通过仿真电容采用交流耦合方式。其中，交流耦合方式的测量适用于带有较高直流偏压的交流小信号。将输入端临时接地进行校准，这对于测量非常有用。

2．逻辑分析仪

（1）简述

逻辑分析仪如图 A-23 所示，它连续地将输入的数字信息记录到一个大的捕获缓冲区。这是一个采样的过程，因此由可调节的分辨率来定义可以被采样的最短脉冲。触发部件监测输入的数据并导致数据捕捉行动在触发条件已经生效后停止一定的时间；捕捉由单击 arming 按钮开始。最终显示的内容是在触发时间前后的捕捉器所捕捉到的。因为捕捉缓冲器非常大（可存放 10000 个采样数据），因此提供了放大/缩小和全局的显示。最后，可移动的测量标尺可以精确地测量脉宽。

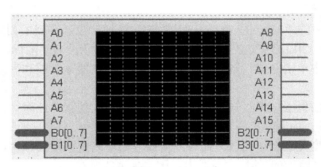

图 A-23　逻辑分析仪

（2）VSM 逻辑分析仪具有如下特性

1）8×1 位 Traces 和 2×8 位 Bus Traces。

2）10000×24 位捕获缓冲器。

3）捕获分辨率从 0.5ns/采样点～200μs/采样点，相应的捕捉时间是为 5ms～2ms。

4）显示的缩放范围为 1 个采样点/格～1000 个采样点/格。

5）位输入信号的逻辑电平和/或边沿与总线值进行"与"操作后触发逻辑分析仪。

6）触发位置在捕获缓冲器的 0%、25%、50%、75%和 100%处。

7）提供两个坐标用于精确测量时间。

（3）使用逻辑分析仪

逻辑分析仪运行后出现的界面如图 A-24 所示。

（4）捕获和显示数字数据

1）在 ISIS 中选中仪表按钮并在对象选择器中选中"LOGIC ANALYSER"，放置在原理图部分并连接到需要测试的地方。

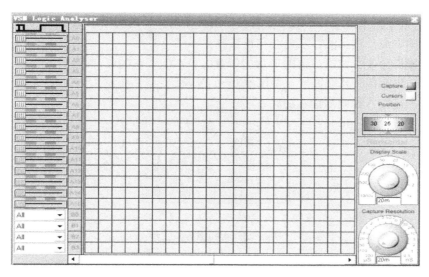

图 A-24 逻辑分析仪界面

2）按仿真控制盘的"PLAY"按钮启动交互式仿真，逻辑分析仪界面将会出现。

3）根据实际需要在分辨率刻度盘设置合适的分辨率。分辨率表示了能记录的最小脉冲宽度。分辨率越高，捕获数据的时间间隔就越短。

4）在仪器的左边找到复选框并设置满足要求的触发条件。例如，如果当连接到通道 1 的信号为高且连接到通道 3 的信号是上升沿信号时，想要驱动仪器，则需要设置第一位为高，第三位为"low-High"。

5）根据实际电路的需要，确定是否查看触发发生前后的主要数据，并且单击百分数旁的 LED 灯选择需要的触发位置。

6）当设置完成后，点亮 ARMED 灯左边的按钮，同时 TRIGGER 会熄灭。逻辑分析仪便开始连续捕捉输入的数据，同时监测用于触发的输入信号。当触发发生时，TRIGGER 灯会亮。数据捕捉将一直进行，直至触发位置之后的捕捉缓冲器满为止。此时，ARMED 灯会熄灭并且将显示被捕捉的数据。

（5）缩放和全局显示

因为捕捉缓冲器可以捕捉到 10000 个采样点，但是显示屏仅能显示 250 个像素宽，因此需要在捕捉缓冲器进行缩放和全局操作。ZOOM 拨盘决定每格采样点的数量，同时滚动条可以实现左右移动。

注意在 ZOOM 拨盘设置下的每格以 s 为单位显示的是当前时间，而不是拨盘设置的实际值。每格的实际时间为缩放（ZOOM）设置值与分辨率（Resolution）设置值的乘积。

（6）测量

仪器提供了两个可调标尺用于精确地测量。利用相应颜色的拨盘可以调整两标尺的位置。每一拨盘下面所显示的是相对于触发时间的 Marker 发生时间，而 Delta A-B 显示的是两个标尺的时间差。

3．虚拟信号发生器

（1）简述

虚拟信号发生器如图 A-25 所示。

虚拟信号发生器模拟了一个简单的音频函数发生器，它具有以下特点。

1）可输出方波、锯齿波、三角波和正弦波。

2）信号输出分 8 个波段，范围是 0~12MHz。

3）信号输出幅值分 4 个波段，范围是 0~12V。

4）具有调频输入和调幅输入功能。

图 A-25　虚拟信号发生器

（2）使用虚拟信号发生器

使用虚拟信号发生器如图 A-26 所示。

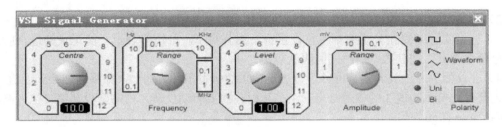

图 A-26　使用虚拟信号发生器

1）在 ISIS 中选中仪表按钮并在对象选择器中选中"SIGNAL GENERATOR"，将其放置在原理图部分，然后引其输出端至电路。通常情况下（例如：电路需要的输入源为一个平衡的输入源的情况）需要信号发生器的"-"终端与接地终端相连接。利用接地终端很容易做到这一点。在不使用幅值与频率的调制输入时，可以不连接 AM、FM 这两个输入端口。

2）按仿真控制盘的"PLAY"按钮启动交互式仿真，信号发生器界面将会出现。

3）设置频率拨盘，以满足电路设计的需要。当 Center 指针等于 1 时，表示信号的频率为 1。频率单位以指针对应的标识为准。

4）设置幅值拨盘，以满足电路设计的需要。当 Level 指针等于 1 时，表示信号的幅度为 1。幅度单位以指针对应的标识为准。幅值为输出电平的峰值。

5）单击 Waveform 拨盘，代表相应波形类型的 LED 灯将会点亮，输出合适的信号。

（3）使用 AM、FM 调制输入

信号发生器支持 AM 调制和 FM 调制后的输出。AM 和 FM 有以下特性。

1）调制输入的增益由频率和幅度的 Range 拨盘分别按照 Hz/V 和 V/V 进行设置。

2）调制输入的电压范围是-12V~+12V。

3）调制输入有无限大的输入阻抗。

4）调制输入电压值加上相应的游标值，然后与频率 Range 设置值相乘，决定了瞬时输出频率对应的幅度。

例如，如果频率的 Range 设为 1kHz，频率的 Range 拨盘值设为 2，则 2V 的调频信号的输出频率为 4kHz。

4. 模式发生器

（1）简述

VSM 模式发生器在数字方面等价于模拟信号发生器。如图 A-27 所示。在 Proteus 专业版仿真软件中都以此为模板发布信息。

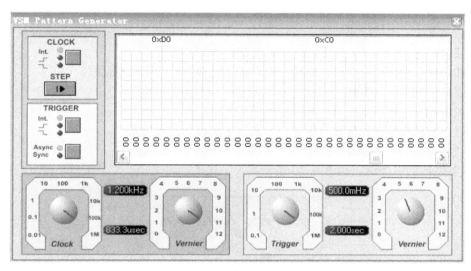

图 A-27　模式发生器

VSM 模式发生器支持高达 1KB 的模式信号，具有以下特性。

1）既可以在基于图表的仿真中使用，又可以在交互式仿真中使用。

2）支持内部时钟和外部时钟模式以及触发模式。

3）十六进制和十进制栅格显示格式。

4）直接输入具体值获得更为精确的值。

5）加载和保存模式脚本文件。

6）可以手动配置信号的周期。

7）可以单步运行发生器。

8）实时显示工具观测在栅格中的位置。

9）可通过外部控制保持模式当前状态。

10）栅格块编辑命令便于设置图案。

（2）使用模式发生器

1）在交互式方式下使用

① 在 ISIS 中选中仪表按钮并在对象选择器中选中"Pattern Generator"。

② 按仿真控制盘的"PAUSE"按钮初始化交互式仿真，信号发生器窗口将会出现。

③ 在栅格编辑窗口单击小方格切换逻辑状态，此即为输出信号的模式。

④ 确定使用内部时钟还是外部时钟，通过"CLOCK"按钮可以进行设置。

⑤ 如果选择内部时钟，则可以通过"CLOCK"刻度盘来进行调整，以获得期望的时钟频率。

⑥ 确定触发是内部触发还是外部触发，然后使用 TRIGGER 按钮设置相应的模式。如果使用了外部触发，则需要考虑是时钟同步触发还是时钟异步触发。

⑦ 如果使用了内部触发，可以通过调整触发刻度盘来获得期望的触发频率。

⑧ 按仿真控制盘的"PLAY"按钮启动交互式仿真，输出模式信号。

⑨ 如果期望等到单时钟周期的模式信号，须按仿真控制盘的"SUSPEND"按钮，然后使用"STEP"按钮使栅格向左移动。

2）在基于图表的仿真下使用模式发生器

① 按通常的方法创建原理图。

② 原理图感兴趣的节点插入探针，然后把探针加入图表。

③ 移动鼠标到模拟发生器，先按右键后按左键调出器件属性对话框。

④ 设置触发和时钟参数。

⑤ 在模式发生器脚本区域加载期望的模式文件。

⑥ 退出模式发生器的属性编辑窗口，按空格键运行图表仿真。

（3）模式发生器的引脚说明

模式发生器的引脚说明如图 A-28 所示。

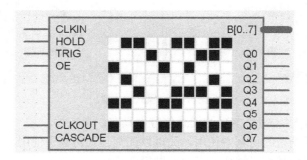

图 A-28　模式发生器的引脚

1）Data Output Pins：模式发生器可以以总线、引脚的方式输出模式信号。

2）Clockout Pin：当使用内部时钟时，可以通过该引脚观测内部时钟脉冲。此性能可以在器件属性设置窗口中修改。该性能默认是关闭的，因为它会减弱系统的性能，尤其是在高频的系统中更为明显。

3）Cascade Pin：当模式信号的第一位正在受驱动时，该引脚被驱动为高电平，并且一直保持高电平直到驱动下一位信号驱动（一个时钟周期以后）。这表明在开始仿真时的第一个时钟周期呈现高电平，在接下来重新传输中的第一个时钟周期它又是高电平。

4）Trigger Pin：此引脚为输入引脚，用于接收外部触发脉冲。触发模式将在后文详细讲述。

5）Clock-In Pin：此引脚为输入引脚，用于接收外部时钟信号，时钟信号的模式在下面将会详细讲述。

6）Hold Pin：当该引脚被驱动为高电平时，模式发生器将保持在暂停点，直至该引脚被释放。对于内部时钟或内部触发，时钟将从暂停点重新开始。例如，对于 1Hz 的内部时钟，如果发生器在 3.6s 处暂停，在 5.2s 处重新开始，则下一个下降时钟边沿将发生在 5.6s 处。

7）Output Enable Pin：使用高电平驱动该引脚。假设该引脚不为高，虽然模式发生器仍然工作在指定的模式，但并不驱动引脚输出模式信号。

（4）时钟模式

1）内部时钟

内部时钟是负沿脉冲，即每周期以低—高—低的形式变化。内部时钟既可以在仿真之前使用元器件属性对话框指定，也可以在仿真暂停期间使用时钟模式按钮进行指定。

CLOCKOUT 引脚使能后可以观测内部时钟信号。该性能默认是关闭的，因为它会减弱系统的性能，尤其是在高频的系统中更为明显。但是可以在器件属性设置窗口中启动此性能。

2）外部时钟

模式发生器有两种外部时钟模式——负脉冲（LOW-HIGH-LOW）和正沿脉冲（HIGH-LOW-HIGH）。将外部时钟脉冲连接到时钟输入引脚，并选择其中一种时钟模式。与内部时钟一样，外部时钟既可以在仿真之前使用元器件属性对话框指定，也可以在仿真暂停期间使用时钟模式按钮进行指定。

（5）触发模式

1）内部触发

模式发生器的内部触发模式是按照指定的时间间隔触发的。如果时钟是内部时钟，则时钟脉冲在这一触发点复位，如图 A-29 所示。

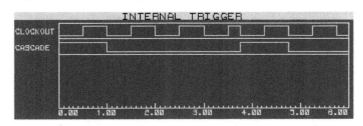

图 A-29　内部触发

例如，设定内部时钟脉冲是 1Hz，并且设定内部触发时刻是 3.75s。则 CASCADE 引脚在模式第一位时为高，而在其他时间为低。

注意：在触发时间，内部时钟被异步复位。模式的首位被驱动至输出引脚（图中CASCADE 被拉高）。

2）外部异步正脉冲触发

触发器由触发引脚的正边沿转换信号触发。当触发发生时，触发器立即动作，在下一个时钟边沿（即位时钟 1/2 处，与复位时间相同）发生由低到高转换，如图 A-30 所示。

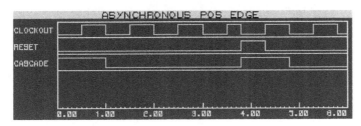

图 A-30　外部异步正脉冲触发

例如，设定内部时钟脉冲是 1Hz，并且设定触发引脚在时刻 3.75s 处被拉高，则时钟立即在触发引脚正边沿复位，模式的第一位驱动到引脚。

3）外部同步时钟正脉冲触发

触发器由触发引脚的正边沿转换信号触发。触发立即使模式的第一位驱动到引脚，如图 A-31 所示。

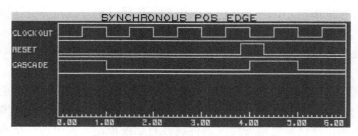

图 A-31　外部同步时钟正脉冲触发

例如，设定内部时钟脉冲是 1Hz。注意：时钟不受触发器的影响。在时钟下降沿时触发器立即动作，同时模式的第一位驱动到引脚。

4）外部异步负脉冲触发器

触发器由触发引脚的负边沿转换信号触发。当触发发生时，触发器立即动作，且模式第一位在输出引脚输出，如图 A-32 所示。

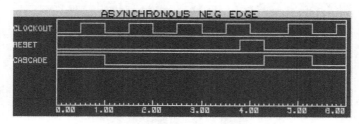

图 A-32　外部异步负脉冲触发器

例如，设定内部时钟为 1Hz。从图 A-32 中可以看到时钟在触发脉冲的负边沿复位，同时模式的第一位在此时被驱动。

5）外部同步负脉冲触发器

触发器由触发引脚的负边沿转换信号触发。触发被锁定，并与下一个时钟的下降沿同步动作，如图 A-33 所示。

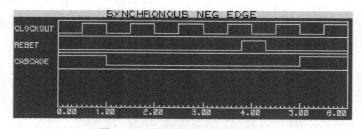

图 A-33　外部同步负脉冲触发器

例如，设定内部时钟为 1Hz。注意，触发发生在触发脉冲的下降沿，模式直到时钟脉冲的下降沿，与触发动作并发复位。

（6）外部保持

保持模式发生器的当前状态：想要在一段时间内保持状态，可以在该期间使保持引脚为高电平进入保持模式。如使用的是内部时钟，当在释放保持引脚的同时，模式发生器将同时重新启动。也就是说，在半个时钟周期里保持引脚应该为高电平。然后，当释放保持引脚时，下一位将要在以后的每半个时钟周期时驱动输出引脚，如图 A-34 所示。

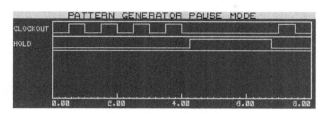

图 A-34　外部保持

当保持引脚为高时，内部时钟被暂停。当释放保持引脚时，时钟将在相对于一个时钟周期的暂停点重新启动。

5．定时/计数器

VSM 定时/计数器如图 A-35 所示。

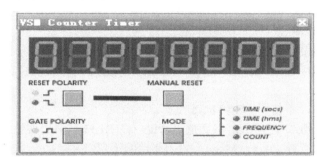

图 A-35　VSM 定时/计数器

（1）简述

VSM 计数/定时器是一个多用途的数字仪器。它可以用来测量时间间隔、信号频率和脉冲数。计数/定时器有以下特点。

1）定时模式（显示秒），分辨率为 1μs。

2）定时模式（显示时、分、秒），分辨率为 1ms。

3）频率计模式，分辨率为 1Hz。

4）计数模式——最大计数值到 99,999,999。

时间、频率和脉冲值既可以在虚拟界面显示也可以在其弹出的窗口界面显示。在仿真期间，用户可以定时/计数器单击左键或在 Debug 菜单调出。

（2）使用定时器

使用定时器如图 A-36 所示。

图 A-36　使用定时器

定时器用于测量时间间隔，步骤如下。

1）选中万用表按钮，在对象选择器中选中"COUNTER TIMER"并将其放入原理图编辑窗口。

2）如果需要时钟使能信号，则可以将使能控制信号连接到 CE 引脚。如果不需要时钟使能信号，可以将该引脚悬空。

3）如果需要定时器复位，可以将复位信号连接到 RST 引脚。如果不需要复位信号，可以将该引脚悬空。

4）将光标放在计数/定时器上，按组合键〈CTRL+E〉调出属性编辑窗口。

5）选择要显示的时间模式、CE 和 RST 引脚的逻辑极性。

6）启动交互式仿真。

注意：

1）RST 引脚边沿触发方式为非电平触发方式。如果使定时器保持为零，可以同时使用 CE 和 RST 引脚。

2）计数/定时器提供了手动按键复位的功能。该操作可以在仿真期间的任何时刻操作。可以利用该功能确定执行某一特定程序模块需要的时间。这种功能在嵌入式系统中非常有用。

（3）使用频率计算模式

测量数字信号的频率，步骤如下。

1）在对象选择器中选中"COUNTER TIMER"并将其放入原理图编辑窗口。将待测信号连接到 CLK 引脚。

2）在频率模式下，不使用 CE 和 RST 引脚。

3）将光标放在计数/定时器上，然后按组合键〈CTRL+E〉调出属性编辑窗口。

4）选中频率模式（Frequency Mode）关闭属性编辑窗口并启动交互式仿真。

注意：

1）频率计计算仿真每一秒中信号上升的数量，因此要求输入信号稳定且在一秒内有效。同时，如果仿真不是在实时的速率下进行，频率计数器将在相对较长的时间内输出频率值。

2）计数器是个纯数字器件。在测量低电平模拟信号时，需要将待测信号通过 ADC 和逻辑开关后才输入计数器的 CLK 引脚。同时，因为模拟仿真比数字仿真速率慢得多，所以计数器不适合测量频率高于 10kHz 的模拟振荡器电路。在这种情况下，可以利用虚拟示波器（或图表）测量信号的周期。

（4）使用计数器

测量数字脉冲的步骤如下。

1）选中万用表按钮，在对象选择器中选中"COUNTER TIMER"并将其放入原理图编辑窗口，将待测信号连接到 CLK 引脚。

2）如果需要时钟使能信号，则可以将使能控制信号连接到 CE 引脚。如果不需要时钟使能信号，可以将该引脚悬空。

3）如果需要定时器复位，可以将复位信号连接到 RST 引脚。如果不需要复位信号，可以将该引脚悬空。

4）将光标放在计数/定时器上，然后按组合键〈CTRL+E〉调出属性编辑窗口。

5）选择 Counter 模式、CE 和 RST 引脚的逻辑极性。

6）启动交互式仿真。

注意：

1）当 CE 有效时，在 CLK 引脚的上升沿开始计数。

2）RST 引脚是边沿触发非电平方式触发。如果使定时器保持为零，可以同时使用 CE 和 RST 引脚。

3）计数/定时器提供了在手动复位的功能。该操作可以在仿真期间的任何时刻操作。

6．电压表和电流表

Proteus VSM 提供了 AC 和 DC 的电压表、电流表。它们可以像其他元器件一样在电路图连线。仿真开始后，它们通过自带的终端或以易读的数字格式显示电压或电流值。

仪表的满量栏可以实现 3 位有效数字，最多可显示 2 位小数。显示电压范围可通过元器件编辑窗口的"Display Range"属性进行设置。

电压表模型含内阻属性，默认值是 100MΩ，属性值可以通过属性编辑窗口进行设置。当内置电阻为空时，加载模型内阻选项无效。

交流电压表和交流电流表以用户可定义的时间常数显示有效值。

A.4 激励源和探针

1．激励

（1）概述

激励源是一种用来产生信号的对象。有很多类型的激励源，每一种都产生不同种类的信号，如图 A-37 所示。不同的激励源及其描述见表 A-2

图 A-37　激励源

表 A-2　激励源及其描述

激励源	描　　述
DC（直流）	产生恒定的直流电压源
Sine（正弦）	正弦波信号发生器，可以对幅度、频率和相位进行设置
Pulse（脉冲）	模拟脉冲信号激励源，可以对幅度、周期和升降时间进行设置
Exp（指数）	指数脉冲信号激励源，产生的波形与 RC 充放电路相同
SFFM（单频率调频）	单频率调频信号激励源，产生的波形与一个正弦信号对另一个正弦信号进行频率调制得到的波形一致

激励源	描　　述
Pwlin（分段线性）	分段线性激励源产生任意形状的脉冲或其他信号
File（文件）	激励源文件，但波形数据是从 ASCII 文件输入的
Audio（音频）	使用 Windows 的 WAV 文件作为输入的波形信号，这在与音频分析图表一起使用时将非常有用，可以听到电路的输出信号
Dstate（稳态）	输出稳态逻辑电平
Dedge（单边沿）	单个逻辑电平转换或边沿
Dpulse（单脉冲）	单个数字时钟脉冲
Dclock（数字时钟）	数字时钟信号
Dpattern（图形）	逻辑电平的任意序列

（2）放置激励源

1）放置激励源的步骤如下

① 选择"Generator"图标，激励源类型列表将出现在对象选择器中。

② 选择激励源类型，预览窗口将出现相应激励源的图形。

③ 使用旋转和镜像按钮调整激励源的放置方向。

④ 鼠标放到编辑窗口中，单击并拖拉激励源到合适的位置，然后释放鼠标左键，如图 A-38 所示。

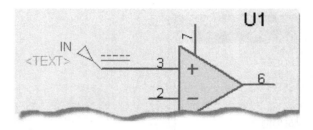

图 A-38　放置激励源

2）特别注意

可以直接把激励源的连接点放置到连线上，也可以先放在空的地方，以后再连线。当激励源没有连接到任何网络时，它将得到一个默认的名称（？），以表示它没有进行标注。当它连接到一个网络（把它直接放置到连线上）时，它将以所连接的网络名进行标注。如果该网络没有标注，它将以元件的参考名称和第一个连接到该网络的引脚名称的组合进行标注。激励源的名称会根据所连接的网络自动进行更新。也可以编辑激励源的属性，给激励源命名，在这种情况下，激励源的名称不会自动更新。

（3）编辑激励源

所有的激励源都可以使用 ISIS 通用的编辑方法进行编辑，最简单的方法是单击右键（选择）然后再单击左键（编辑），或者用鼠标指向激励源然后按〈CTRL+E〉键。

激励源编辑对话框提供了一系列的通用属性和各激励源的特有属性。通用属性的解释见表 A-3。

表 A-3 激励源通用属性

属　性	描　述
Name（名称）	激励源的名称 如果是手动输入的名称，ISIS 将不会对它进行自动更新 如果希望激励源名称会自动更新，打开属性对话框，去掉手动输入的名称，单击"OK"确定
Type（类型）	激励源的类型 激励源的类型改变，对话框右边的属性选项也跟着改变
Current Source（电流源）	除了数字激励源，其他激励源都可以作为电压源或电流源使用。勾选此选项将使目标激励源成为电流源
Isolate Before（隔离之前的网络）	当激励源放置到连线的中间时，本控制选项用于控制是否把连线打断，分成两个网络，即只驱动激励源所指的方向。相反方向上不接激励源
Manual Edits（手动编辑）	选中此选项后，激励源的属性以文本方式显示，这主要是为了方便软件向前兼容。然而，高级用户也可以使用属性表达式来设置属性，这种方法只有在手动编辑模式下是可行的

（4）直流激励源

直流激励源用于产生恒定的模拟直流电压或电流。它只有一个属性，用于设置输出值。

（5）脉冲激励源

脉冲激励源用于产生各种在模拟分析中使用到的周期性信号。如矩形波、锯齿波和三角波等，也可以产生单个短的脉冲信号。必须注意，上升时间和下降时间不能为 0，所以不可能产生一个真正的矩形波。因为在 PROSPICE 中，不允许有跳变。图 A-39 描述了脉冲激励源的工作情况。

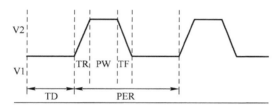

图 A-39 脉冲激励源时序图

脉冲激励源的相关参数如表 A-4 所示。

表 A-4 脉冲激励源的相关参数

符　号	描　述
PER	波形的周期，如果没有指定，将使用 FREQ 的参数
FREQ	波形的频率，在瞬态分析中默认为一个周期
V1	输出的低电平值
V2	输出的高电平值
PW	每个周期中，输出为 V2 的时间。不包括 TR 和 TF
TR	上升时间：每个周期中，输出电平从低到高所花的时间，默认为 1ns
TF	下降时间：每个周期中，输出电平从高到低所花的时间。默认与 TR 相同
TD	延迟时间：激励源输出电平开始为 V1，然后保持 TD 秒的时间

（6）数字激励源

有五种子类型的数字激励源，分别如下。

1）单边沿：从低到高或从高到低的单调信号。

2）单脉冲：在相反方向上的一对信号转换，共同形成一个正的或负的脉冲波形。既可以设置每个边沿的时间（开始时间和停止时间）；也可以设置开始时间和脉冲宽度。

3）时钟：一个连续的脉冲间隔相等的脉冲队列。可以设置开始值、第一个脉冲边沿到达的时间、周期或者频率，周期定义的是整个周期的时间。

4）图案：这是最灵活的激励源，事实上可以产生所有其他类型的信号。图案激励源的参数定义如表 A-5 所示。

表 A-5　图案激励源的参数定义

符　号	描　述
Initial State 开始状态	在 0 时刻的电平值，在混合信号仿真过程中，用来寻找电路的工作点
First Edge 第一个边沿	图案激励源真正开始的时间，输出在此时间之前将一直保持在开始状态
Timing 时间	图案的每一步可以使用相同的时间（通过勾选"Equal mark/space timing"），也可以为高低电平设置不同的时间。在这种情况下，脉冲宽度（Pulse Width）定义逻辑"1"的时间值，而间隔时间（Space Time）定义逻辑"0"的时间值
Transitions 转换	输出类型可以是持续重复输出图案，直到仿真结束；也可以是达到固定数量边沿转换后，自动停止
Bit Pattern 位图图案	默认的图案是简单的高低序列。另外，也可以设定图案字符串。图案字符串可以包含以下字符： 0，L：输出波形为强的低电平（注意使用大写的"L"） H：输出波形为强的高电平（注意使用大写的"H"） l：输出电平为弱的低电平（注意使用小写的"1"） h：输出电平为弱的高电平（注意使用小写的"h"） F，f：输出电平为浮动电平

5）脚本：激励源由数字 BASIC 脚本控制。在脚本文件中通过声明一个与激励源参考名相同的 PIN 变量，就可以访问该激励源。

2．探针

（1）概述

输入使用激励源，在需要监测的地方放置探针。在工具栏中选中探针类型（本例选用的是电压探针），放置在连线上，也可以放置好后再连线，如图 A-40 所示。

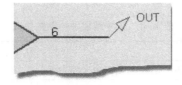

图 A-40　放置探针

探针放置和 PROTEUS 中的其他元件是一样的，在选中探针后，可以进行编辑、移动、旋转等操作。

探针用于记录所连接到的网络的状态，有以下两种类型的探针。

1）电压探针：可用于模拟仿真和数字仿真中，在模拟仿真中，它记录了真实的电压值，而在数字仿真中记录的是逻辑电平和强度。

2）电流探针：只能用于模拟仿真中，测量的方向由电流探针上的箭头表示。

警告：不能把电流探针放到数字仿真中，或者放置到总线上。

探针最常用于基于图表的仿真中，但也可用在交互式仿真中，用来显示工作点的数据和分割电路。

（2）探针放置

步骤：

1）选择电压探针或电流探针图标。在预览窗口将见到探针的图形。

2）使用旋转和镜像按钮确定探针的方向。电流探针的方向非常重要，系统是根据电流探针上的箭头来测量电流的。

3）把鼠标移到编辑窗口，按下鼠标左键并保持不放，拖拉探针到合适的位置，然后释放鼠标左键，把探针放到连线上。既可以直接把探针放置到连线上，也可以先放置探针，然后再连线。

当探针没有连到网络上时，它默认的名称是一个问号（？），表示它没有被标注。当探针连接到某一个网络时，它将标注成该网络的名称，如果该网络也没有标注，探针的名称将是最接近的元件的名称和连接到该网络的引脚名的组合。如果以此种方式命名，在更改网络的时候，探针名将会自动更新，也可以给探针手动命名。

（3）探针设置

通过编辑探针对话框，可以调整探针的两个参数。

1）负载电阻（Load Resistance）

电压探针可以在原理图中设置一个负载电阻，当探测点对地没有直流通路时，这项设置非常有用。

2）记录文件名（Record Filename）

电压探针和电流探针都可以把数据记录到文件中，然后通过录音机激励源（Tape Generator）把记录的数据重新播放出来。这个特性可以把一个电路的输出波形记录到文件中，然后作为另一个电路的输入播放出来。

附录 B　Quartus II 仿真软件的基本操作

B.1　Quartus II 概述

1. Quartus II 的发展历程

Quartus II 可以在 Windows、Linux 以及 Unix 上使用，除了可以使用 Tcl 脚本完成设计流程外，还提供了完善的用户图形界面设计方式。具有运行速度快、界面统一、功能集中、易学易用等特点。

Quartus II 支持 Altera 的 IP 核，包含了 LPM/MegaFunction 宏功能模块库，使用户可以充分利用成熟的模块，简化了设计的复杂性、加快了设计速度。对第三方 EDA 工具的良好支持也使用户可以在设计流程的各个阶段使用熟悉的第三方 EDA 工具。

此外，Quartus II 通过和 DSP Builder 工具与 Matlab/Simulink 相结合，可以方便地实现各种 DSP 应用系统；支持 Altera 的片上可编程系统（SOPC）开发，集系统级设计、嵌入式软件开发、可编程逻辑设计于一体，是一种综合性的开发平台。

Maxplus II 作为 Altera 的上一代 PLD 设计软件，由于其出色的易用性而得到了广泛的应用。目前 Altera 已经停止了对 Maxplus II 的更新支持，Quartus II 与之相比不仅仅是支持器件类型的丰富和图形界面的改变。Altera 在 Quartus II 中包含了许多诸如 SignalTap II、Chip

Editor 和 RTL Viewer 的设计辅助工具，集成了 SOPC 和 HardCopy 设计流程，并且继承了 Maxplus II 友好的图形界面及简便的使用方法。

Altera 的 Quartus II 可编程逻辑软件属于第四代 PLD 开发平台。由于其强大的设计能力和直观易用的接口，越来越受到数字系统设计者的欢迎。该平台支持一个工作组环境下的设计要求，其中包括支持基于 Internet 的协作设计。Quartus 平台与 Cadence、Exemplar Logic、MentorGraphics、Synopsys 和 Synplicity 等 EDA 供应商的开发工具相兼容。改进了软件的 LogicLock 模块设计功能，增添了 FastFit 编译选项，推进了网络编辑性能，而且提升了调试能力。其支持 MAX7000/MAX3000 等乘积项器件。

Quartus II 设计套装的其他特性包括：

1）DSP Builder 12.0 新的数字信号处理（DSP）支持——通过系统控制台，与 MATLAB 的 DDR 存储器进行通信，并具有新的浮点功能，提高了设计效能，以及 DSP 效率。

2）经过改进的视频和图像处理（VIP）套装以及视频接口 IP——通过具有边缘自适应算法的 Scaler II MegaCore 功能以及新的 Avalon-Streaming（Avalon-ST）视频监视和跟踪系统 IP 内核，简化了视频处理应用的开发。

3）增强收发器设计和验证——更新了 Arria V FPGA 的收发器工具包支持，进一步提高收发器数据速率（对于 Stratix V FPGA，高达 14.1Gbit/s）。

2．Quartus II 功能

Quartus II 提供了完全集成且与电路结构无关的开发包环境，具有数字逻辑设计的全部特性，包括：

1）可利用原理图、结构框图、VerilogHDL、AHDL 和 VHDL 完成电路描述，并将其保存为设计实体文件。

2）芯片（电路）平面布局连线编辑。

3）LogicLock 增量设计方法，用户可建立并优化系统，然后添加对原始系统的性能影响较小或无影响的后续模块。

4）功能强大的逻辑综合工具。

5）完备的电路功能仿真与时序逻辑仿真工具。

6）定时/时序分析与关键路径延时分析。

7）可使用 SignalTap II 逻辑分析工具进行嵌入式的逻辑分析。

8）支持软件源文件的添加和创建，并将它们链接起来生成编程文件。

9）使用组合编译方式可一次完成整体设计流程。

10）自动定位编译错误。

11）高效的编程与验证工具。

12）可读入标准的 EDIF 网表文件、VHDL 网表文件和 Verilog 网表文件。

13）能生成第三方 EDA 软件使用的 VHDL 网表文件和 Verilog 网表文件。

B.2 Quartus II 操作实例

本节将通过一个简单的 8 位 LED 控制实验的设计为例详细介绍 Altera 公司 Quartus II 9.0sp2 Web Edition 软件的基本应用。读者在通过 2-4 译码器实验后将对 Quartus II 9.0sp2 Web Edition 软件及 CPLD/FPGA 的设计与应用有一个比较完整的概念和思路。

1. 设计输入

软件的启动：进入安装文件夹，打开 Quartus.exe。Quartus II 管理器界面如图 B-1 所示。

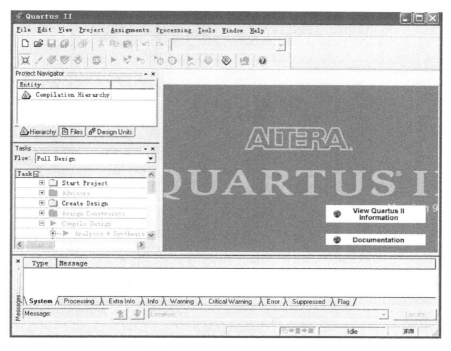

图 B-1　Quartus II 管理器界面

新建工程，单击进入菜单"File"下的"New Project Wizard"，如图 B-2 所示。

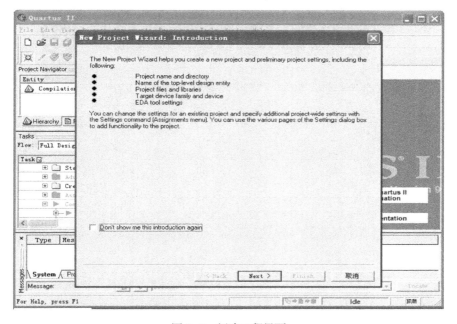

图 B-2　新建工程界面

如图 B-3 所示，单击"Next"，进入工程目录，进行工程名和实体名的设置。设置工程目录为"D:/LED"路径，工程名为 LED，设计实体名为 LED。

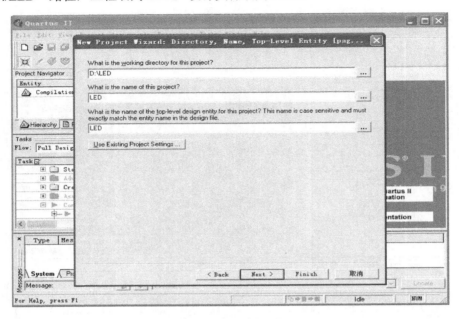

图 B-3　工程路径设置

单击"Next"进行设计文件添加，如已存在设计文件，就找到并添加文件。如不存在设计文件，就直接单击"Next"，进行下一步操作，如图 B-4 所示。

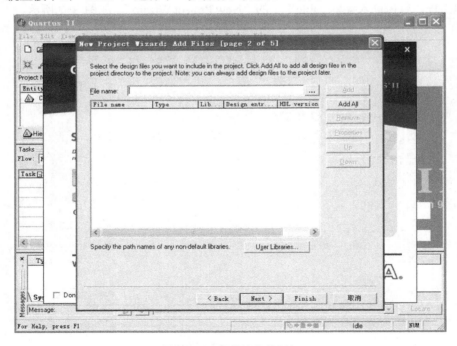

图 B-4　工程设计文件添加

选择所使用的芯片型号，如 MAXII EPM240T100C5，如图 B-5 所示。

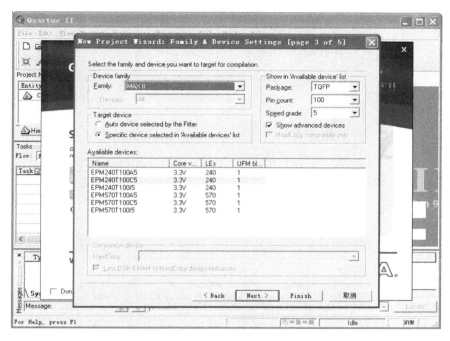

图 B-5　工程所用芯片选择

选择相应的仿真分析工具，不需要的话，可直接单击"Next"按钮，如图 B-6 所示。

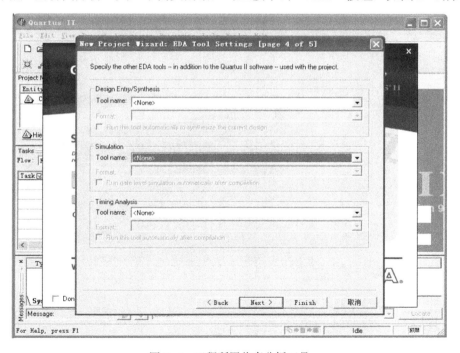

图 B-6　工程所用仿真分析工具

接下来该窗口将显示前面所设置的信息，如图 B-7 所示。

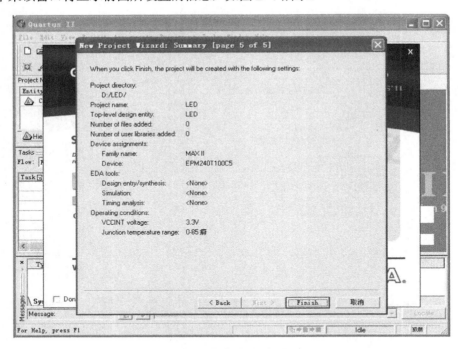

图 B-7　工程设置信息展示

单击"Finish"按钮，工程设置就已经完成了，接下来需要编写程序文件。

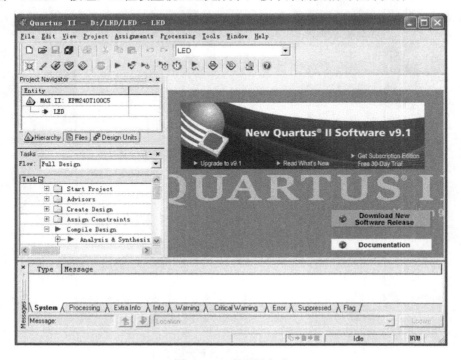

图 B-8　工程设置完成

进入菜单"File"下的"New"，新建"VHDL File"，单击"OK"按钮。

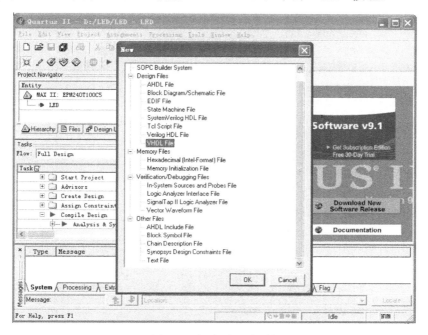

图 B-9　新建原理图文件

如果采用图像输入法，就选择"Block Diagram/Schematic File"；如果采用 AHDL 语言输入，就选择"AHDL File"；如果采用 Verilog 语言输入，就选择"Verilog HDL File"。
编写代码如图 B-10 所示。

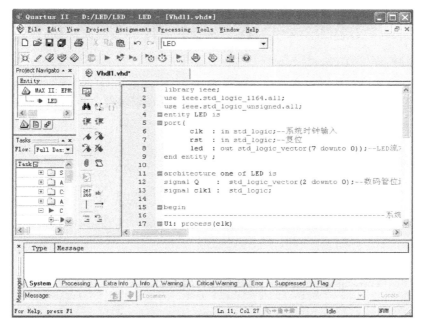

图 B-10　文本编辑输入窗口

保存文件到工作目录下，如图 B-11 所示。

图 B-11　文本文件保存

2．设计编译与配置

运行菜单"Processing"下的"Start"扩展菜单中"Start Analysis & Synthesis"进行程序的综合和分析，查找和分析程序中的错误和不当之处。

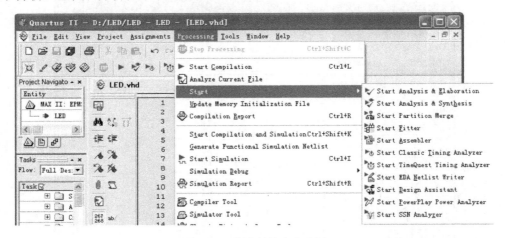

图 B-12　程序的综合和分析

如出现图 B-13 所示的提示窗口，则程序综合成功。

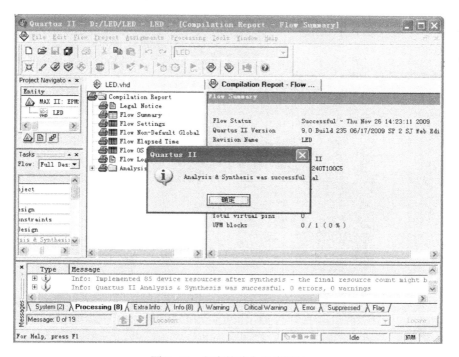

图 B-13　程序的综合成功提示

综合分析成功后，进入"Assignments"菜单下的"Assignment Editor"，对输入/输出接口的资源按照需要进行指定和分配，如图 B-14 所示。

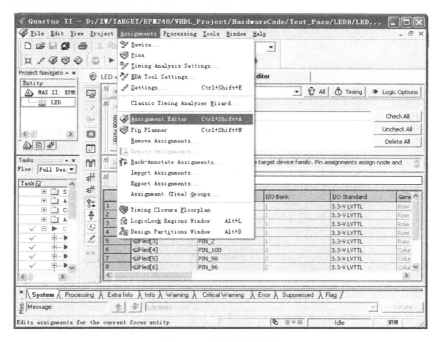

图 B-14　进入引脚分配

分配完成所有引脚，如图 B-15 所示。

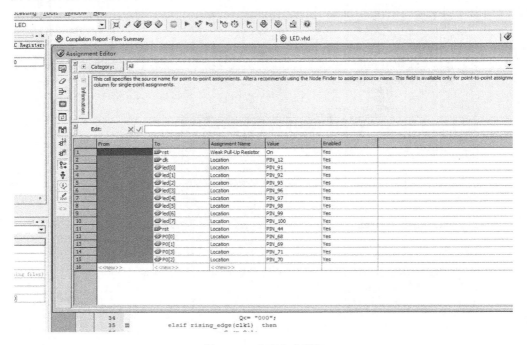

图 B-15　分配完成引脚

配置好引脚后，选择"Processing"菜单下的"Start Compilation"开始编译，如图 B-16 所示。

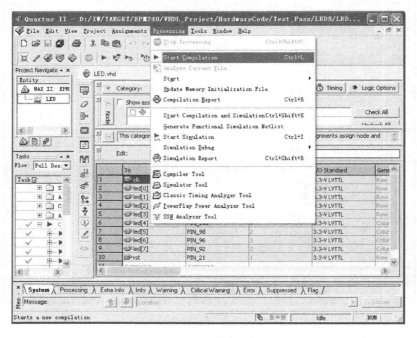

图 B-16　开始编译窗口

如图 B-17 所示，成功后，会出现全部编译成功的提示，如无特殊警告就可以进行程序下载了。

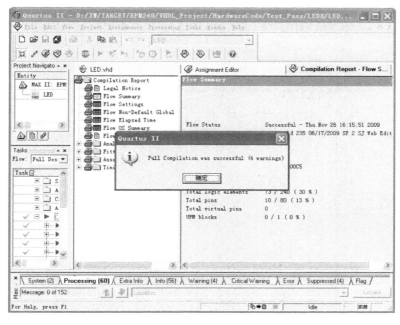

图 B-17　编译完成提示

3. 程序下载与验证

打开程序下载界面，操作如图 B-18 所示。

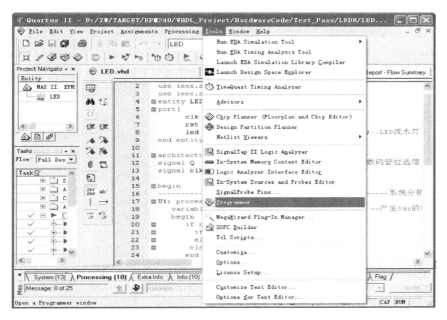

图 B-18　程序下载命令

如已经找到器件，就勾选好编程、校验、查空等选项，单击"Start"按钮就可以进行烧录了。如无器件，可单击"Auto Detect"进行自动探测查找，如图 B-19 所示。

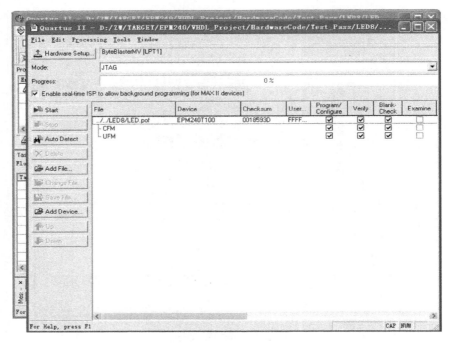

图 B-19　程序烧录

4．程序源代码

```
library ieee;
use ieee.std_logic_1164.all;
use ieee.std_logic_unsigned.all;
entity LED is
port(
        clk   : in std_logic;--系统时钟输入
        rst   : in std_logic;--复位
        led   : out std_logic_vector(7 downto 0);--LED 流水?
        P0    : out std_logic_vector(3 downto 0));
end entity ;
architecture one of LED is
signal Q     :   std_logic_vector(2 downto 0);--选信号
signal clk1 :   std_logic;
begin
------------------------------------------------系统分频
U1: process(clk)
    variable cnt : integer range 0 to 10000000; --产生 5Hz 的频率;
    begin
        if rising_edge(clk) then cnt:=cnt+1;
         if      cnt<5000000 then clk1<='0';
```

```
                elsif cnt<10000000 then clk1<='1';
            else cnt:=0;clk1<='0';
        end if;
      end if;
    end process;
------------------------------------------------
U2: process(rst,clk1)--流水灯
    begin
      if rst='0' then            led<= "11111111";
                                 P0<= "0110";
                                 Q<= "000";
            elsif rising_edge(clk1)    then
                                 Q <= Q+1;
            case Q is
            when "000" => led <= "11111110";
                          P0 <= "1110";
            when "001" => led <= "11111101";
                          P0 <= "1101";
            when "010" => led <= "11111011";
                          P0 <= "1011";
            when "011" => led <= "11110111";
                          P0    <= "0111";
            when "100" => led <= "11101111";
                          P0    <= "0111";
            when "101" => led <= "11011111";
                          P0    <= "1011";
            when "110" => led <= "10111111";
                          P0    <= "1101";
            when "111" => led <= "01111111";
                          P0    <= "1110";
            when others => null;
            end case ;
        end if;
    end process;
------------------------------------------------
  end ;
```

注意：接线请按照程序中绑定的引脚。

附录 C   Verilog HDL 语言及其应用

　　随着现代集成元器件材料的发展和制造工艺的极大提高，超大规模集成电路已经能够将一个规模很大的电路系统集成到一个很小的芯片中。随着高层次自动综合技术、混合模拟及可测试性技术理论的研究和应用，诞生了自顶向下的设计方法 TDD(Top_Down Design)，它直接面向用户的需要，从系统总体出发，根据电路系统的行为和功能要求，从上到下逐层完成相应

的设计描述。然后经过综合与优化、模拟与验证，直到生成器件，完成系统的整体设计。Verilog HDL 是一种硬件描述语言，用于从算法级、门级到开关级的多种抽象设计层次的数字系统建模。被建模的数字系统对象的复杂性可以介于简单的门和完整的电子数字系统之间。数字系统能够按层次描述，并可在相同描述中显式地进行时序建模。

Verilog HDL 语言具有下述描述能力：设计的行为特性、设计的数据流特性、设计的结构组成以及包含响应监控和设计验证方面的时延和波形产生机制。所有这些都使用同一种建模语言。此外，Verilog HDL 语言提供了编程语言接口，通过该接口可以在模拟、验证期间从设计外部访问设计，包括模拟的具体控制和运行。

Verilog HDL 语言不仅定义了语法，而且对每个语法结构都定义了清晰的模拟和仿真语义。因此，用这种语言编写的模型能够使用 Verilog 仿真器进行验证。语言从 C 编程语言中继承了多种操作符和结构。

C.1　Verilog HDL 设计的基本结构

本节设计一个简单的两输入与非门，以此介绍 Verilog HDL 语言的结构特点，如图 C-1 所示。

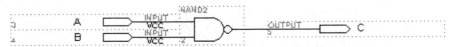

图 C-1　Verilog HDL 语言设计的两输入与非门

例 C-1：用 Verilog HDL 语言描述这个与非门，如下面的程序所示。

```
module tand2 (a,b,c);
input a,b;
output c;
assign c <= a | b;
endmodule
```

模块的名字是 tand2。模块有 3 个端口：两个输入端口 A 和 B，一个输出端口 C。由于没有定义端口的位数，所有端口大小都为 1 位；同时，由于没有各端口的数据类型说明，这四个端口都是线网数据类型。

模块包含一条描述二输入与非门数据流行为的连续赋值语句。从这种意义上讲，这些语句在模块中出现的顺序无关紧要，这些语句是并发的。每条语句的执行顺序依赖于发生在变量 A 和 B 上的事件。

在模块中，可用下述方式描述一个设计：

1）数据流方式；

2）行为方式；

3）结构方式；

4）上述描述方式的混合。

结合上面的例 C-1 介绍 Verilog HDL 语言的规则及结构特点。

1）Verilog HDL 区分大小写。也就是说大小写不同的标识符是不同的。此外，Verilog HDL 是自由格式的，即结构可以跨越多行编写，也可以在一行内编写。白空（新行、制表符和空格）没有特殊意义。

2）同一类型多个输入、输出或变量之间可以用逗号（","）分隔，每一个完整的语句都以分号（";"）结束，如"input:A，B，C;"。使用"//"可以注释一行，"/*…*/"可以注释一段内容。

3）Verilog HDL 语言描述的内容可以等效为一个数字电路，因此在具体的逻辑描述中不同于一般的计算机程序按照顺序一条一条执行，而是所有的语句都是并发执行的，即 Verilog HDL 语言中的语句不依赖描述的前后顺序。

4）Verilog 实现了信号的输入、处理和输出。

Verilog 的前提是基本关键字，首先要做的就是熟悉关键字。

第一个是 module，用于声明硬件主体。

第二个是 input 和 output，input 和 output 是声明这个模块的外部连接信号。

第三个是 wire 和 reg，这部分是信号的类别。和 C 语言中的数据类型类似，reg 和 wire 是两种不同类型的变量。

第四个就是 assign 和 always，是信号的处理函数。

有了这四个部分，就可以设计出具有基本逻辑功能的 Verilog 代码。

C.2　数据类型

Verilog HDL 有下列四种基本的值。

1）0：逻辑 0 或"假"状态。

2）1：逻辑 1 或"真"状态。

3）x（X）：未知状态，对大小写不敏感。

4）z（Z）：高阻状态，对大小写不敏感。

在门的输入或一个表达式中为"z"的值通常解释成"x"。此外，x 值和 z 值都是不分大小写的。

1. 网络和变量

在 Verilog HDL 中，根据赋值和对值的保持方式不同，可将数据类型主要分为两大类：网络（net）型和变量（Variable）型。

（1）net（网络）型

net 表示器件之间的物理连接，需要门和模块的驱动。网络数据类型是指输出始终根据输入的变化而更新其值的变量，它一般指的是硬件电路中的各种物理连接。没有声明的 net 的默认类型为 1 位（标量）wire 类型。Verilog HDL 禁止对已经声明过的网络、变量或参数再次声明。net 声明的语法格式为：

```
<net_type> [range] [delay] <net_name>[,net_name];
```

其中：

net_type 表示网络型数据的类型。

range 用来指定数据为标量或矢量。默认数据类型为 1 位的标量；反之，由该项指定数据的矢量形式。

delay 指定仿真延迟时间。

net_name 是 net 名称，一次可定义多个 net，用逗号分开。

例 C-1 网络声明如下。

```
wand w; // 一个标量 wand 类型 net
tri [15: 0] bus; // 16 位三态总线
wire [0: 31] w1, w2; // 两个 32 位 wire，MSB 为 bit0
```

net 类型包括多种不同的种类，表 C-1 给出了这些常用的不同类型的功能及其可综合性。

表 C-1　不同类型的 net 功能及其可综合性

类型	功能	可综合性
wire,tri	标准内部连接线	√
supply1,supply0	电源和地	√
wor,trior	多驱动源线或	×
wand,triand	多驱动源线与	×
trireg	能保存电荷的 net	×
tri1,tri0	无驱动时上拉/下拉	√

如果没有显示声明，那么在以下情况中，一个默认 net 型数据类型就被指定。

1）在一个端口表达式的声明中，如果没有对端口的数据类型进行显式说明，那么默认的端口数据类型就为 wire 型，且默认的 wire 型矢量的位宽与矢量型端口声明的位宽相同。

2）如果先前没有对端口的数据类型进行显式说明，那么默认的端口数据类型为网络型标量。

3）如果一个标识符出现在连续赋值语句的左侧，而该标识符先前未曾被声明，那么该标识符的数据类型就被隐式声明为网络型标量。

网络数据类型包含多种不同种类的网络子类型：wire 型、tri 型、wor 型、trior 型、wand 型、triand 型、trireg 型、tri1 型、tri0 型、supply0 型、supply1 型。

简单的网络类型说明语法为：

```
net_kind[msb:lsb]net1,net2, …, netN;
```

其中，net_kind 是上述网络类型的一种。msb 和 lsb 是用于定义网络范围的常量表达式；范围定义是可选的；如果没有定义范围，默认的网络类型为 1 位。

网络型数据的默认初始化值为 z。带有驱动的网络型数据应当为它们的驱动输出指定默认值。它的默认初始值为 x，而且在声明语句中应当为其指定电荷量强度。

在一个网络型数据类型声明中，可以指定两类强度：电荷量强度（Charge Strength）和驱动强度（Drive Strength）。电荷量强度只有在 trireg 网络类型的声明中才可以使用；驱动强度只有在一个网络型数据的声明语句中对数据对象进行了连续赋值才可以使用。门级元件的声明只能制定驱动强度。

1）wire 和 tri 网络类型

用于连接单元的连线是最常见的网络类型。连线与三态线（tri）网语法和语义一致；三态线可以用于描述多个驱动源驱动同一根线的网络类型；并且没有其他特殊的意义。如果多个驱动源驱动一个连线（或三态网络），网络的有效值由表 C-2 确定。

表 C-2　网络数据类型 wire 和 tri 的真值表

wire/tri	0	1	x	z
0	0	x	x	0
1	x	1	x	1
x	x	x	x	x
z	0	1	x	z

常用的网络类型由关键词 wire 定义。wire 型变量的定义格式如下。

> wire [n-1:0] <name1>,<name2>,…,<namen>;

其中 name1,…,namen 表示 wire 型名字。

例 C-2：wire 型变量的说明

> wire L; //将上述电路的输出信号 L 声明为网络型变量
> wire [7:0] data bus; //声明一个 8bit 宽的网络型总线变量

2）wor 和 trior 网络类型

wor 和 trior 用于连线型逻辑结构建模。当有多个驱动源驱动 wor 和 trior 型数据时，将产生线或结构。如果驱动源中任一个为 1，那么网络型数据的值也为 1。线或和三态线或（trior）在语法和功能上是一致的。如果多个驱动源驱动这类网，网的有效值由表 C-3 决定。

表 C-3　网络数据类型 wor 和 trior 的真值表

wor/trior	0	1	x	z
0	0	1	x	0
1	1	1	1	1
x	x	1	x	x
z	0	1	x	z

3）wand 和 triand 网络类型

线与（wand）网指如果某个驱动源为 0，那么网络的值为 0。当有多个驱动源驱动 wand 和 triand 型数据时，将产生线与结构。线与网络和三态线与（triand）网络在语法和功能上是一致的。

4）Trireg 网络类型

此网络存储数值（类似于寄存器），并且用于电容节点的建模。当三态寄存器（trireg）的所有驱动源都处于高阻态，即值为 z 时，三态寄存器网络保存作用在网络上的最后一个值。此外，三态寄存器网络的默认初始值为 x。一个 trireg 网络类型数据可以处于驱动和电容性两种状态之一。

根据 trireg 网络类型数据声明语句中的指定，trireg 网络类型数据处于电容性状态时其电荷量强度可以是 small、medium 或 large。同样，trireg 网络类型数据处于驱动状态时，根据驱动源的强度，其驱动强度可以是 supply、strong、pull 或 weak。

5) tri0 和 tri1 网络类型

这类网络类型可用于线逻辑的建模，即网络有多于一个驱动源。tri0（tri1）网络的特征是，若无驱动源驱动，它的值为 0（tri1 的值为 1）。网络值的驱动强度都为 pull。tri0 相当于这样一个 wire 型网络：有一个强度为 pull 的 0 值连续驱动该 wire。同样，tri1 相当于这样一个 wire 型网络：有一个强度为 pull 的 1 值连续驱动该 wire。表 C-4 给出在多个驱动源情况下 tri0 或 tri1 网的有效值。

表 C-4　网络数据类型 tri0 和 tri1 的真值表

tri0/tri1	0	1	x	z
0	0	x	x	0
1	x	1	x	1
x	x	x	x	x
z	0	1	x	0/1

6) supply0 和 supply1 网络类型

supply0 用于对"地"建模，即低电平 0；supply1 网用于对电源建模，即高电平 1。

例 C-3：supply0 和 supply1 网络类型描述。

```
supply0 Gnd,ClkGnd;
supply1 [2:0] Vcc;
```

7) 未说明的网络

在 Verilog HDL 中，有可能不必声明某种网络类型。在这样的情况下，网络类型为 1 位网络。可以使用`default_nettype 编译器指令改变这一隐式网络说明方式，使用方法如下。

```
`default_nettypenet_kind
```

任何未被说明的网默认为 1 位线与网。

（2）变量数据类型

变量时数据存储元件的抽象。从一次赋值到下一次赋值之前，变量应当保持一个值不变。程序中的赋值语句将触发存储在数据元件中的值改变。对于 reg、time 和 integer 这些变量型数据类型，它们的初始值应当是未知（x）。对于 real 和 realtime 变量型数据类型，默认的初始值是 0.0。如果使用变量声明赋值语句，那么变量将采用这个声明赋值语句所赋的值作为初值，这与 initial 结构中对变量的赋值等效。注意，在变量数据类型中，只有 reg 和 integer 变量型数据类型是可综合的，其他是不可综合的。

1) 整型变量声明

整型变量常用于对循环控制变量的说明，在算术运算中被视为二进制补码形式的有符号数。整型数据与 32 位的寄存器型数据在实际意义上相同，只是寄存器型数据被当作无符号数来处理。

需要注意的是，虽然 integer 有位宽度的声明，但是 integer 型变量不能作为位向量访问。D[6]和 D[16:0]的声明都是非法的。在综合时，integer 型变量的初始值是 x。

2）实数型变量声明

实数型数据在机器码表示法中是浮点型数值，可用于对延迟时间的计算。实数型变量是不可综合的。

3）时间型变量声明

时间型变量与整型变量类似，只是它是 64 位的无符号数。时间型变量主要用于对仿真时间的存储与计算处理，常与系统函数$time 一起使用。

4）寄存器型变量声明

寄存器型变量对应的是具有状态保持作用的硬件电路，如触发器、锁存器等。寄存器型变量与网络数据的区别主要在于：寄存器型变量保持最后一次的赋值，而 wire 型数据需要有连续的驱动。寄存器型变量只能在 initial 或 always 内部被赋值。寄存器型变量声明的格式如下。

<reg_type> [range] <reg_name>[, reg_name];

其中，reg_type 为寄存器类型；range 为矢量范围，[MSB：LSB]格式，只对 reg 类型有效；reg_name 为 reg 型变量的名字，一次可定义多个 reg 型变量，使用逗号分开。

2．参数

Verilog HDL 中的参数（parameter）既不属于变量类型也不属于网络类型范畴。参数不是变量，而是常量。用参数声明一个可变常量，常用于定义延时及宽度等参数。参数定义的格式：

parameter par_name1=expression1,……,par_namen=expression;

其中，par_name1,....par_namen 为参数的名字；expression1,....,expression 为表达式。

可一次定义多个参数，用逗号隔开。参数的定义是局部的，只在当前模块中有效。参数定义可使用以前定义的整数和实数参数。

参数值也可以在编译时被改变。改变参数值可以使用参数定义语句或通过在模块初始化语句中定义参数值。

3．向量

在一个 net 或 reg 型声明中，如果没有指定范围，就被看作是 1bit 位宽，也就是通常所说的标量。通过指定范围来声明多位的 net 或 reg 型数据，则成为矢量。

（1）向量说明

向量范围由常量表达式来说明（也就是通常所说的数组）。msb_constant_expression_r（最高位常量表达式）代表范围的左侧值，lsb_constant_expression_r（最低位常量表达式）代表范围的右侧值。右侧表达式的值可以大于、等于、小于左侧表达式的值。

net 和 reg 型向量遵循以 2 为模（$2n$）的乘幂算术运算法则，此处的 n 值是向量的位宽。net 和 reg 型向量如果没有被声明为有符号量或者链接到一个已声明为有符号的数据端口，那么该向量被隐含当作无符号的量。

向量可以将已声明过类型的元素组合成多维的数据对象。向量声明时，应当在声明的数据标识符后面指定元素的地址范围。每一个维度代表一个地址范围。数组可以是一维向量（一个地址范围）也可以是多维向量（多重地址范围）。向量的索引表达式应当是常量表达式，该常量表达式的值应当是整数。一个数组元素可以通过一条单独的赋值语句被赋值，但是整个向量或向量的一部分也不能为一个表达式赋值。要给一个向量元素赋值，需要为该向量元素指定索引。向量索引可以是一个表达式，这就为向量元素的选择提供了一种机制，即依靠对该向量索引表达式中其他的网络数据或变量值的运算结果来定位向量元素。

（2）向量网络型数据的可访问性

vectored 和 scalared 是向量网络型或向量寄存器型数据声明中的可选择关键字。如果这些关键字被使用，那么向量的某些操作就会受约束。如果使用关键字 vectored，那么向量的位选择或部分位选择以及强度指定就被禁止，而 PLI 就会认为数据对象未被展开。如果使用关键字 scalared，那么向量的位或部分位选择就被允许，PLI 认为数据对象将被展开。

（3）存储器

如果一个向量的元素类型为 reg 型，那么这样的一维向量也称为存储器。存储器只用于 ROM（只读存储器）、RAM（随机存取存储器）和寄存器组建模。向量中的每一个寄存器也叫作元素或字，并且是通过单一的索引来寻址的。一个 n 位的寄存器可以通过一条单独的赋值语句被赋值，但是整个存储器不能通过这样的一条语句被赋值。为了对存储器的某个字赋值，需要为该字指定数组索引。该索引可以是一个表达式，该表达式中含有其他的变量或网络数据，通过对该表达式的运算，得到一个结果值，从而定位存储器的字。

C.3　Verilog 中的运算符

Verilog HDL 的语言的运算符的范围很广，按照其功能大概可以分为以下几类。

1）算术运算符 +, -, *, /, %

2）赋值运算符 =, <=

3）关系运算符 > , < , >= , <=

4）逻辑运算符 &&, ||, !

5）条件运算符 ? :

6）位运算符 ~, | , ^ , & , ^~

7）移位运算符 << , >>

8）拼接运算符 {}

1．逻辑运算符

逻辑运算符的使用方法及相关说明见表 C-5。

表 C-5　逻辑运算符

符号	使用方法	说明
!	!a	a 的非，如果 a 为 0，那么 a 的非是 1
&&	a && b	a 与 b，如果 a 和 b 都为 1，a&&b 结果才为 1，表示真
‖	a‖b	a 或 b，如果 a 或者 b 有一个为 1，a‖b 结果为 1，表示真

逻辑运算符基本规则是按位操作，如：!a[5..1]被解释为（! a4,!a3,!a2,!a1）；! B "1001"的结果是对每一位求反后为 B "0110"；a[3..1]&&a[5..2]被解释为（a3&&a4,a2&&a3,a1&&a2）。如果两个操作数的长度不同，扩展规则如下。

一个数组与一个常数进行逻辑运算，则将常数扩展成与数组同等长度的二进制数后再与数组逐位运算。

2. 算术运算符

算术运算符，简单来说，就是数学运算里面的加减乘除，数字逻辑处理有时候也需要进行数字运算，所以需要算术运算符。算术运算符的使用方法及相关说明见表 C-6。

表 C-6　算术运算符

符号	使用方法	说明
+	a + b	a 加上 b
−	a − b	a 减去 b
*	a * b	a 乘以 b
/	a / b	a 除以 b
%	a % b	a 模除 b

算术表达式结果的长度由最长的操作数决定。在赋值语句下，算术操作结果的长度由操作符左端目标长度决定。考虑如下实例。

例 C-4:

```
reg[0:3] Arc,Bar,Crt;
reg[0:5] Frx;
...
Arc=Bar+Crt;
Frx=Bar+Crt;
```

第一个加的结果长度由 Bar、Crt 和 Arc 长度决定，长度为 4 位。第二个加法操作的长度同样由 Frx 的长度决定（Frx、Bat 和 Crt 中的最长长度），长度为 6 位。在第一个赋值中，加法操作的溢出部分被丢弃；而在第二个赋值中，任何溢出的位存储在结果位 Frx[1] 中。

在较大的表达式中，中间结果的长度如何确定？在 Verilog HDL 中定义了如下规则：表达式中的所有中间结果应取最大操作数的长度（赋值时，此规则也包括左端目标）。

例 C-5:

```
wire[4:1]Box,Drt;
wire[1:5]Cfg;
wire[1:6]Peg;
wire[1:8]Adt;
...
assignAdt=(Box+Cfg)+(Drt+Peg);
```

表达式左端的操作数最长为 6，但是将左端包含在内时，最大长度为 8。所以所有的加操作使用 8 位进行。

3. 关系运算符

关系运算符主要是用来做一些条件判断用的，在进行关系运算时，如果声明的关系是假的，则返回值是 0，如果声明的关系是真的，则返回值是 1；所有的关系运算符有着相同的优先级别，关系运算符的优先级别低于算术运算符的优先级别。关系运算符的使用方法和说明见表 C-7。

表 C-7　关系运算符

符号	使用方法	说明
>	a > b	a 大于 b
<	a < b	a 小于 b
>=	a >= b	a 大于等于 b
<=	a <= b	a 小于等于 b
==	a == b	a 等于 b
!=	a != b	a 不等于 b

关系运算符可以被用于对单独节点、数组进行比较。双等号（==）为布尔表达式中使用最多的比较符。表示符号两边的变量是否相等，而（=）表示将比较后的结果赋给等号左边的变量。比较符只能用来对节点数组与节点数组之间或节点数组与数值进行比较，如果比较符是在节点数组之间进行，节点数组的长度必须相同。比较符的返回结果为"1"或"0"，成立则为"1"，否则为"0"。

4. 条件运算符

条件操作符一般来构建从两个输入中选择一个作为输出的条件选择结构，功能等同于always 中的 if-else 语句，具体说明见表 C-8。

表 C-8　条件运算符

符号	使用方法	说明
?:	a?b:c	如果 a 为真，就选择 b，否则选择 c

5. 位运算符

位运算符是一类最基本的运算符，可以认为它们直接对应数字逻辑中的与、或、非门等逻辑门，具体说明见表 C-9。

表 C-9　位运算符

符号	使用方法	说明
~	~a	将 a 的每个位进行取反
&	a & b	将 a 的每个位与 b 相同的位进行相与
|	a | b	将 a 的每个位与 b 相同的位进行相或
^	a ^ b	将 a 的每个位与 b 相同的位进行异或

位运算符的与、或、非与逻辑运算符逻辑与、逻辑或、逻辑非使用时容易混淆，逻辑运算符一般用在条件判断上，位运算符一般用在信号赋值上。

6. 移位运算符

移位运算符包括左移位运算符和右移位运算符，这两种运算符都用 0 来填补移出的空位。移位运算符的使用方法和说明见表 C-10。

表 C-10　移位运算符

符号	使用方法	说明
<<	a << b	将 a 左移 b 位
>>	a >> b	将 a 右移 b 位

假设 a 有 8bit 数据位宽，那么 a<<2，表示 a 左移 2bit，a 还是 8bit 数据位宽，a 的最高 2bit 数据被移位丢弃了，最低 2bit 数据固定补 0。如果 a 是 3（二进制：00000011），那么 3 左移 2bit，3<<2，就是 12（二进制：00001100）。一般使用左移位运算代替乘法，右移位运算代替除法，但是这种也只能表示 2 的指数次幂的乘除法。

7. 拼接运算符

Verilog 中有一个特殊的运算符是 C 语言中没有的，就是位拼接运算符，具体说明见表 C-11。用这个运算符可以把两个或多个信号的某些位拼接起来进行运算操作。

表 C-11　拼接运算符

符号	使用方法	说明
{}	{a, b}	将 a 和 b 拼接起来，作为一个新信号

8. 运算符的优先级

在表达式中，运算是按照运算的优先级进行的，"−"和"!"的优先级最高，"#"和"! #"优先级最低。如果在一个表达式中运算符较多时，为了防止出错最好采用"（）"分隔的方式。运算符优先级的顺序可以参照表 C-12。

表 C-12　运算符的优先级

运算符	优先级
!、~	最高
*、/、%	次高
+、−	优先级从上至下依次降低
<<、>>	
<、<=、>、>=	
==、!=、===、!==	
&	
^、~	
|	
&&	
||	次低
?	最低

C.4　关键字和保留标示符

在 Verilog HDL 语句的开始、结束及中间过程都要用到关键字，编程时应避免使用关键字和保留标示符作为节点名、常量名。表 C-13 列出了 Verilog HDL 语言中的关键字。

表 C-13　Verilog HDL 语言中的关键字

and	always	assign	begin	buf
bufif0	bufif1	case	casex	casez
cmos	deassign	default	defparam	disable
edge	else	end	endcase	endfunction

endprimitive	endmodule	endspecify	endtable	endtask
event	for	force	forever	fork
function	highz0	highz1	if	ifnone
initial	inout	input	integer	join
large	macromodule	medium	module	nand
negedge	nor	not	notif0	notif1
nmos	or	output	parameter	pmos
posedge	primitive	pulldown	pullup	pull0
pull1	rcmos	real	realtime	reg
release	repeat	rnmos	rpmos	rtran
rtranif0	rtranif1	scalared	small	specify
specparam	strength	strong0	strong1	supply0
supply1	table	task	tran	tranif0
tranif1	time	tri	triand	trior
trireg	tri0	tri1	vectored	wait
wand	weak0	weak1	while	wire
wor	xnor	xor		

在 Verilog HDL 语言中保留标示符（Reserved Identifiers）有特别的用处，不能被用户定义。当保留关键字被加上单引号时可以被用来作为用户定义的标示符；然而保留标示符却不能被这样使用。

表 C-14 列出了 Verilog HDL 语言中的常用关键字及含义。

表 C-14　Verilog HDL 语言中的关键字

关键字	含义
module	模块开始定义
input	输入端口定义
output	输出端口定义
inout	双向端口定义
parameter	信号的参数定义
wire	wire 信号定义
reg	reg 信号定义
always	产生 reg 信号语句的关键字
assign	产生 wire 信号语句的关键字
begin	语句的起始标志
end	语句的结束标志
posedge/negedge	时序电路的标志
case	case 语句起始标记
default	case 语句的默认分支标志
endcase	case 语句结束标记
if	if/else 语句标记

关键字	含义
else	if/else 语句标记
for	for 语句标记
endmodule	模块结束定义

C.5 常用语法结构

1．if 条件逻辑语句

if 语句中可以有一个或多个布尔表达式，如果其中某个表达式结果为真，那么该表达式后面的行为语句将被执行。

三种表达形式

1）if（表达式）　　2）if（表达式）　　3）if（表达式1）

语句1；　　　　　　语句1；　　　　　　语句1；

else　　　　　　else if（表达式2）　语句2；

语句2；　　　　　else if（表达式3）　语句3；

......

else if（表达式 n）　语句 n；

说明：

① 三种形式的 if 语句后面都有表达式，一般为逻辑表达式或关系表达。当表达式的值为1，按真处理；若为0、x、z，按假处理。

② 在每一个 else 前面，即上面的语句后都有分号（除非上面是 begin_end 块）。else 语句不能单独使用，它是 if 语句的一部分。

③ if 和 else 后面都可以包含一个内嵌的操作语句，也可以有多个语句，此时可以用 begin_end 将它们包含起来成为一个复合块语句（end 后不需要再加分号）。

④ 允许一定形式的表达式的简写方式。如：if（expression）等同于 if（expression==1）。

⑤ if 语句可以嵌套，即 if 语句中可以再包含 if 语句，但是应该注意 else 总是与它上面最近的 if 进行配对。

如果不希望 else 与最近的 if 配对，可以采用 begin_end 进行分割。

注意：条件语句必须在过程块中使用。所谓过程块是指由 initial 和 always 语句引导的执行语句集合。除了这两种语句引导的 begin_end 块中可以编写条件语句外，模块中的其他地方都不能编写。

例 C-6：用 Verilog HDL 语言描述一个通过 S 端控制的加法器和减法器。

```
module gadsb8 (a,b,s,d);
input[7:0] a,b;
input s;
output [7:0] d;
If (s==1) d <= a + b;//如果输入信号 s 为高电平则将 a 与 b 相加
else d <= a - b;//若 s 为低电平则执行 a 与 b 相减
endmodule
```

首先定义了变量名，然后用 input 定义两个八位的数组 a[7:0]，b[7:0]和一位控制信号 S 作为输入信号，并且用 output 定义了一个八位的数组 d[7:0]作为结果输出信号。在逻辑描述中，首先判断控制信号 S 的状态，当 S 为高电平时，数组 a 与 b 相加后将结果输出给 d，若 S 为低电平时，数组 a 与 b 相减后将结果输出给 d。

2. case 逻辑语句

case 语句是一种多分支选择语句，if 只有两个分支可以选择，但是 case 可以直接处理多分支语句。

1）case（表达式）　　　　<case 分支项>　　endcase
2）casex（表达式）　　　　<case 分支项>　　endcase
3）casez（表达式）　　　　<case 分支项>　　endcase

case 分支项的一般格式如下：

分支表达式：　　　　　　　　语句；
默认项（default）　　　　　　语句；

1）case 后括号内的表达式称为控制表达式，分支项后的表达式称作分支表达式，又称作常量表达式。控制表达式通常表示为控制信号的某些位，分支表达式则用这些控制信号的具体状态值来表示。

2）当控制表达式和分支表达式的值相等时，就执行分支表达式后的语句。

3）default 项可有可无，一个 case 语句里只准有一个 default 项。（为了防止程序自动生成锁存器，一般都要设置 default 项）

4）case 语句的所有表达式的值的位宽必须相等。

case 语句中不同的状态由状态变量的值决定，状态的变化由变量控制。case 语句没有优先级的问题，只要条件成立则相应的操作马上被执行。

例 C-7： 2-4 译码器设计

用 case 语句描述如下：

```
module decoder(
input wire [1:0] code
output wire [4:0] out
);
always @(*) begin
case(code)
2'b00 : out = 4'b0001;//当输入 code 为 0 时，相应 out 输出为 1
2'b01 : out = 4'b0010;//当输入 code 为 1 时，相应 out 输出为 2
2'b10 : out = 4'b0100;//当输入 code 为 2 时，相应 out 输出为 4
2'b11 : out = 4'b1000;//当输入 code 为 3 时，相应 out 输出为 8
default : out = 4'b0000;//默认 out 输出为 0
endcase
end
endmodule
```

case 语句以关键字（case　（表达式））开始，以 endcase 结束。case 语句列出了几种可能执行的操作，到底执行哪种操作由 case 和 is 之间的表达式的值决定；如果不能罗列所有的状态变量（状态变量可以是数组、单个节点或表达式）取值，或所列出的条件都不能满足时，可用关键字 default 来定义默认的执行语句。

3．真值表实现

Verilog HDL 中的 table 引导的真值表与数字电路中的功能是一致的，只是书写方式不同。在 Verilog HDL 中，真值表由表头和表体两部分组成。表头由关键字 table、一组由逗号分开的真值表输入项、一个箭头符号（=>）以及一组由逗号分开的输出项组成，格式如下。

```
table
   输入项 =>  输出项;
```

表体部分是具体逻辑关系的描述，其的格式与表头相似，但应注意表体中的数据或状态与表头中输入项（或输出项）的一一对应关系。

例 C-8： case 指令编写共阴极数码管的七段译码器

```
module 7segment(indec,xianshi);
    input[3:0] indec;
    output[6:0] xianshi;
    reg[6:0] xianshi;
always@(indec)
begin
    case(indec)
        4'd0:xianshi=8'h3f;
        4'd1:xianshi=8'h06;
        4'd2:xianshi=8'h5b;
        4'd3:xianshi=8'h4f;
        4'd4:xianshi=8'h66;
        4'd5:xianshi=8'h6d;
        4'd6:xianshi=8'h7d;
        4'd7:xianshi=8'h07;
        4'd8:xianshi=8'h7f;
        4'd9:xianshi=8'h6f;
    default: xianshi=7'bz;
    endcase
end
endmodule
```

真值表的表体由一行或多行组成，以每行一个分号结束。输入、输出值与表头的输入、输出端相对应。真值表以关键字 end table 结束。并不是所有输入值的组合形式都有必要列出，如果有无关项则输入位上写 X（无关）。

注：真值表各行中被逗号分开的项数要与表头中被逗号分开的项目数量相同。

4．循环语句的用法

VerilogHDL 中有四类循环语句，分别是：①forever 循环；②repeat 循环；③while 循环；④for 循环。

（1）forever 循环语句

这一形式的循环语句语法如下：

```
forever
procedural_statement
```

此循环语句连续执行过程语句。因此为跳出这样的循环，中止语句可以与过程语句共同使用。同时，在过程语句中必须使用某种形式的时序控制，否则，forever 循环将在 0 时延后永远循环下去。这种形式的循环实例 C-9 如下。

例 C-9：

```
initial
begin
Clock=0;
#5forever
#10Clock=~Clock;
end
```

该实例产生时钟波形；时钟首先初始化为 0，并一直保持到第 5 个时间单位。此后每隔10 个时间单位，Clock 反相一次。

（2）repeat 循环语句

repeat 循环语句形式如下：

```
repeat(loop_count)
procedural_statement
```

这种循环语句执行指定循环次数的过程语句。如果循环计数表达式的值不确定，即为 x或 z 时，那么循环次数按 0 处理。

（3）while 循环语句

while 循环语句语法如下：

```
while(condition)
procedural_statement
```

此循环语句循环执行过程赋值语句直到指定的条件为假。如果表达式在开始时为假，那么过程语句便永远不会执行。如果条件表达式为 x 或 z，它也同样按 0（假）处理。

（4）for 循环语句

for 循环语句的形式如下：

```
for(initial_assignment;condition;step_assignment)
procedural_statement
```

一个 for 循环语句按照指定的次数重复执行过程赋值语句若干次。初始赋值initial_assignment 给出循环变量的初始值。condition 条件表达式指定循环在什么情况下必须结束。只要条件为真，循环中的语句就执行；而 step_assignment 给出要修改的赋值，通常为增加或减少循环变量计数。

1）for 语句

for 语句的语法规则如下：

```
for ( 符号名 ) in 循环变量 to 循环次数范围 generate
```

```
        <操作语句>;
    end generate;
```

for 后的循环变量是一个临时变量而且是局部变量，不必事先定义。该变量不能在操作语句中赋值和修改。它由循环语句自动定义。使用时应当注意，在 for 语句范围内不能再有其他变量与此循环变量同名。

循环次数：每执行完一个循环后循环变量递增 1，直至达到循环次数范围最大值。循环次数范围一般是常数，或常数表达式，如以下八位全加器的描述。

```
module add_8 (
    input [7:0] a,
    input [7:0] b,
    input ci_in,
    output [7:0] c,
    output [8:0] co,
co[0]=ci;
for (i=0; i<=7; i=i+1)
begin
    c[i]=a[i] ^ b[i] ^ co[i];
    co[i+1] = (a[i] & b[i]) |   ((a[i] | b[i])& co[i]);
end
endmodule
```

2）constant 语句

利用 constant 语句可以定义一个字符常量，如：constant num_of_adders = 8；在其后的使用中，都可以用 num_of_adders 表示常量 8，提高了程序的可读性，程序的修改也比较方便。注意 constant 语句的描述应放在 subdesign 语句之前。

例 C-10：用 for...generate 语句和 constant 语句配合实现任意长度的全加器。

如果想得到第 k 位的最终结果，就需要知道第 k 位的加数、被加数，以及是否进位，那么进位又需要上一位的加数、被加数、进位数……以此类推直到第一位。这就是所谓的行波加法器了。

```
module add_4 (
    input [3:0]a,
    input [3:0]b,
    input c_in,
    output [3:0] sum,
    output c_out
);
wire [3:0] c_tmp;

full_adder i0 ( a[0], b[0], c_in, sum[0], c_tmp[0]);
full_adder i1 ( a[1], b[1], c_tmp[0], sum[1], c_tmp[1] );
full_adder i2 ( a[2], b[2], c_tmp[1], sum[2], c_tmp[2] );
full_adder i3 ( a[3], b[3], c_tmp[2], sum[3], c_tmp[3] );
```

```verilog
assign c_out = c_tmp[3];
endmodule

module ahead_adder4
(
input cin,
input [3:0]A,
input [3:0]B,
input [3:0]G,
input [3:0]P,
output    [3:0]S,
output    cout
);
wire [3:0]C;
assign C[0]= G[0] | (cin&P[0]);
assign C[1]= G[1] | (P[1]&G[0]) | (P[1]&P[0]&cin);
assign C[2]= G[2] | (P[2]&G[1]) | (P[2]&P[1]&G[0]) | (P[2]&P[1]&P[0]&cin);
assign  C[3]=  G[3]  |  (P[3]&G[2])  |  (P[3]&P[2]&G[1])  |  (P[3]&P[2]&P[1]&G[0])  |  (P[3]&P[2]&
P[1]&P[0]&cin);

assign S[0]=A[0]^B[0]^cin;
assign S[1]=A[1]^B[1]^C[0];
assign S[2]=A[2]^B[2]^C[1];
assign S[3]=A[3]^B[3]^C[2];
assign cout=C[3];

endmodule
```

5．函数 function 及 include 语句的用法

function 的用法：

function 函数的目的返回一个用于表达式的值。

Verilog 中的 function 只能用于组合逻辑；

（1）定义函数的语法

```
function <返回值的类型或范围> <函数名>
        <端口说明语句>
<变量类型说明>
begin
<语句>
…
end
endfunction
```

说明：

```
function [7:0] getbyte ;
input [15:0] address ;
```

```
        begin
            <说明语句>                        //从地址字节提取低字节的程序
            getbyte = result_expression ;      //把结果赋给函数的返回字节
        end
    endfunction
```

1）<返回值的类型或范围>这一项为可选项，如果缺失，则返回值为一位寄存器类型数据。

2）从函数的返回值：函数的定义蕴含声明了与函数同名、位宽一致的内部寄存器。

3）函数的调用：函数的调用是通过将函数作为表达式中的操作数来实现的。其调用格式：<函数名>（<表达式>,…, <表达式>）。其中函数名作为确认符。

4）函数使用的规则：

① 函数定义不能包含任何的时间控制语句，即任何用#、@、wait 来标识的语句。

② 函数不能调用"task"。

③ 定义函数时至少要有一个输入参数。

④ 在函数的定义中必须有一条赋值语句给函数中与函数名同名、位宽相同的内部寄存器赋值。

⑤ Verilog HDL 中的 function 只能用于组合逻辑。

（2）"文件包含"处理`include 用法

所谓"文件包含"处理是一个源文件可以将另外一个源文件的全部内容包含进来，即将另外的文件包含到本文件之中。Verilog HDL 语言提供了`include 命令用来实现"文件包含"的操作。其一般形式为：`include "文件名"

如图 C-2 所示，在编译的时候，需要对`include 命令进行"文件包含"预处理：将file2.v 的全部内容复制插入`include "file2.v"命令出现的地方，即将 file2.v 被包含到 file1.v 中，得到图 C 的结果。在接着往下进行编译中，将"包含"以后的 File1.v 作为一个源文件单位进行编译。

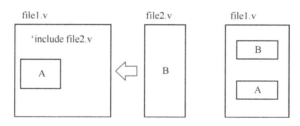

图 C-2　include 文件包含说明

在编写 Verilog HDL 源文件时，一个源文件可能经常要用到另外几个源文件中的模块，遇到这种情况即可用`include 命令将所需模块的源文件包含进来。

例 C-11：

```
//文件 aaa.v
module aaa(a,b,out);
input a, b;
output out;
```

```
            wire out;
            assign out = a^b;
            endmodule
            //文件 bbb.v
            `include "aaa.v"
            module bbb(c,d,e,out);
            input c,d,e;
            output out;
            wire out_a;
            wire out;
            aaa aaa(.a(c),.b(d),.out(out_a));
            assign out=e&out_a;
            endmodule
```

在例 C-11 中，文件 bbb.v 用到了文件 aaa.v 中的模块 aaa 的器件，通过"文件包含"处理来调用。模块 aaa 实际上是作为模块 bbb 的子模块来被调用的。在经过编译预处理后，文件 bbb.v 实际相当于下面的程序文件 bbb.v。

```
            module aaa(a,b,out);
            input a, b;
            output out;
            wire out;
            assign out = a ^ b;
            endmodule

            module bbb( c, d, e, out);
            input c, d, e;
            output out;
            wire out_a;
            wire out;
            aaa aaa(.a(c),.b(d),.out(out_a));
            assign out= e & out_a;
            endmodule
```

关于"文件包含"处理的四点说明如下。

1）一个`include 命令只能指定一个被包含的文件，如果要包含 *n* 个文件，要用 *n* 个 `include 命令。注意下面的写法是非法的`include"aaa.v""bbb.v"。

2）`include 命令可以出现在 Verilog HDL 源程序的任何地方，被包含文件名可以是相对路径名，也可以是绝对路径名。例如：'include"parts/count.v"。

3）可以将多个`include 命令写在一行，在`include 命令行，只可以出空格和注释行。例如下面的写法是合法的。

            'include "fileB" 'include "fileC" //including fileB and fileC

4）如果文件 1 包含文件 2，而文件 2 要用到文件 3 的内容，则可以在文件 1 用两个 `include 命令分别包含文件 2 和文件 3，而且文件 3 应出现在文件 2 之前。

5）在一个被包含文件中又可以包含另一个被包含文件，即文件包含是可以嵌套的。

6. 参数 parameter 语句的用法

Verilog HDL 中用 parameter 来定义常量，即用 parameter 来定义一个标识符来代表一个常量，称为符号常量，即标识符形式的常量，采用标识符代表一个常量可以提高程序的可读性和可维护性。

parameter 型常量的声明格式如下：

> parameter 参数名 1 = 表达式， 参数名 2 = 表达式， ...， 参数名 n = 表达式。

或

> parameter 参数名 1 = 表达式；
> parameter 参数名 2 = 表达式；
> ...
> parameter 参数名 n = 表达式；

上面的表达式是常数表达式，也就是说只能包含数字或先前已经定义过的参数。
例如：

> parameter msb = 7；
> parameter byte_size = 8， byte_msb = byte_size − 1；

等等。

参数型常量经常用于定义延迟时间和变量宽度。

7. 其他语句的用法

在 Verilog HDL 语言中还有一些语句如`timescale 语句、if...generate 语句、assert 语句、report 语句、title 语句、severity 语句等。这些语句对具体电路的形成、电路的参数没有实质的影响，但用好这些语句对程序的调试、排错、器件的使用会有很大的帮助。

（1）`timescale

在 Verilog HDL 模型中，所有时延都用单位时间表述。使用`timescale 编译器指令将时间单位与实际时间相关联。该指令用于定义时延的单位和时延精度。`timescale 编译器指令格式如下。

> `timescale time_unit / time_precision

time_unit 和 time_precision 由值 1、10、和 100 以及单位 s、ms、us、ns、ps 和 fs 组成。例如：

> `timescale 1ns/100ps

表示时延单位为 1ns，时延精度为 100ps。`timescale 编译器指令在模块说明外部出现，并且影响后面所有的时延值。

（2）if...generate 语句

if...generate 语句的格式如下。

> if (表达式) generate

```
        行为语句列表 1;
    else generate
    行为语句列表 2;
    end generate;
```

如果表达式成立（不为 0），执行行为语句列表 1;否则，执行行为语句列表 2。如下面的语句所示。

```
if device_family == "flex8k" generate
    c = 8kadder(a, b, cin);
else generate
    c = otheradder(a, b, cin);
end generate;
```

if generate 语句与 if then 相比较有如下特点。

if generate 语句可以用在 variable 段和 logic 段，而 if then 语句只能用在 logic 段。

if then 语句的判断条件是布尔表达式，而 if generate 语句的判断条件是算术表达式，一般是预定义的参数或字符串组成的表达式。

if generate 语句与 if then 语句的另一个重要的区别是：if then 判断条件是在硬件电路中实现的，而 if generate 的判断条件是在编译系统进行编译时根据该条件决定编译哪一部分程序，以便形成不同的电路。

assert、report、severity 语句

assert、report、severity 这三条语句一般情况下是一起使用的，使用顺序为：

```
assert （表达式）
        report "detected compilation for % family"
                    device_family
        severity error;
```

（3）assert（断言）语句

assert 语句根据括号的表达式决定后面的 report 语句和 severity 语句是否激活。如果表达式成立，则跳过 report 语句和 severity 语句，而执行后面的语句；表达式不成立将激活后面的 report 语句和 severity 语句。如果 assert 语句后面没有表达式，则 assert 及其后的 report 语句和 severity 语句总是处于激活状态。

（4）report 语句

report 语句一般由关键字 report 所引导的双引号括起来的字符串和信息参数（Information Parameters）两个部分组成，以报告编译器在不同条件下的编译信息。字符串中用"%"可以替代信息参数的具体内容。

（5）severity 语句

severity 语句一般只跟三个参数：info、warning、error。info 参数将 report 语句后面的字符串作为一般信息处理，不影响编译的继续处理。warning 参数在编译界面的 message 框中将 report 语句后面的字符串作为警告，也不影响编译的继续处理。error 参数在编译界

面的 message 框中将 report 语句后面的字符串作为错误信息处理，终止编译，等候错误处理。

C.6 时序逻辑电路

1．描述触发器和锁存器

在前面的内容中介绍了组合逻辑的 Verilog HDL 语言设计、仿真及应用，后面的章节将介绍 Verilog HDL 语言在时序电路中的应用。

时序电路中所用的存储单元主要有锁存器 LATCH 和触发器两种，其中触发器又有 D 触发器（DFF）、含使能端的 D 触发器（DFFE）、含使能端的 JK 触发器（JKFFE）、RS 触发器（RSFF）、含使能端的 RS 触发器（RSFFE）、T 型触发器（TFF）、含使能端的 T 触发器（TFFE）等类型。

所有的边沿触发器均为上升沿触发，带使能控制端（ENA）的触发器，其 ENA 为高电平有效。Verilog HDL 没有内置的触发器单元，需要自建，下面以常用的 D 触发器和 JK 触发器为例说明，采用的关键词：initial 和 always。

1）initial：为初始化语句，仅需要执行一次。

2）always：无限循环语句，直到仿真结束，通常紧跟着循环的控制条件。

仿真时，initial 和 always 语句同时并行执行。

```
always @（事件控制表达式）//敏感事件：电平敏感和边沿触发
begin
    块内部局部变量的定义；
    过程赋值语句；//等式左边必须为 reg
end
```

begin 和 end 将多条过程语句包围起来，组成顺序语句块，块内语句按顺序依次执行电平敏感：always @（D,S）和边沿敏感：

always @（posedge CP or negedge CR）。

敏感事件列表中不能同时包含电平敏感事件和边沿敏感事件。

always 内部赋值语句有以下两种。

1）阻塞型赋值语句："=" 顺序执行。

2）非阻塞赋值语句："<=" 并行执行。

例 C-12：对 D 锁存器进行描述。

```
module D_latch(
    input D,E,
    output reg Q,
    output QN
);
assign QN = ~Q;
always @(E or D)
    if (E) Q <= D;
endmodule
```

2．计数器设计

（1）异步计数器

异步计数器的内部各触发器的时钟端并不都连在一起，下面以 T 触发器串联分频计数器为例介绍异步计数器的用法。

例 C-13：

```
module 4asycnt(q,cout,rst,clk,ena);
    input rst,clk,ena;
    output[3:0] q;
    output cout;
    reg[3:0] q;
    reg cout;
always @(posedge clk) begin
If (ena) begin
    q=q+1;
    if (rst) q=4'b00;
    else if (q==4'b1111)cout=cout+1;
    else
    cout=cout;
end
end
endmodule
```

将程序输入存盘编译，进行波形仿真，仿真波形如图 C-3 所示。

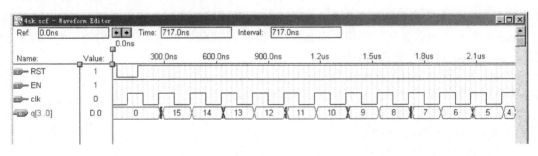

图 C-3　4 位异步计数器仿真波形图

（2）同步计数器

同步计数器是将用于计数的触发器的时钟端全部接在一起，构成同步时钟。

例 C-14： 含同步清零端的同步计数器描述

CLR 是外部输入端，用于计数触发器数的数组为 count[3…0]，加 1 计数描述为 count=count+1(count 是 count[3…0]的简写)，其含义是四个 D 触发器的 D 输入端（count.d）等于触发器 Q 端的输出值自加一后的值（count.q），而触发器 q 的值（count.q）在每次 CLK 上升沿来临时得到触发器 D 的值（count.d）。各触发器的时钟输入端并接到 CLK 输入端，清零（CLR）及使能端控制（ENA）时是在条件判断下进行描述，因此需要输入脉冲 CLK 与之同步，当 CLR 有效时，触发器的 D 输入端为零值，在下一个脉冲来临时触发器才令输出

Q=D=0，所以为同步清零，功能表见表 C-15。

表 C-15　同步清零端的同步计数器功能表

输入			输出
clk	clr	ena	q3···q0
↑	1	x	0
↑	0	1	自加 1
↑	0	0	保持不变

程序描述如下：

```
module psclrct(q,cout,r,clk);
    output[3:0] q;
    output cout;
    input clr,clk,ena;
    reg[3:0] q;
    reg cout;
always @(posedge clk) begin
If (ena) begin
    q=q+1;
    if (clr) q=4'b00;
    else if (q==4'b1111)cout=cout+1;
    else
    cout=cout;
end
end
endmodule
```

当 clr 为高电平时输出 q[3···0]在下一个脉冲来临时清零，当 clr 为低电平、ena 为高电平时，输出端 q[3···0]加一计数，当 clr、ena 同时为低电平时，输出端 q[3···0]保持不变。

3．分频器的设计

在 CPLD/FPGA 的系统设计中往往多个频率相互配合工作，因此分频器的设计在时序电路设计中也是一个重要的环节。下面以例 C-15 说明分频器的设计方法。

例 C-15：六分频的电路描述。

```
module fp(rst,inclk,F);
input rst,inclk;
output F;
reg F;
reg [3:0] count;

    always @(posedge inclk)
    begin
    if (!rst) begin F<=0; count<=0;end
        else begin
```

```
                if (count==2)
                    begin F<=~F;count<=0;end
                else count<=count+1;
                end
            end
        endmodule
```

例 C-15 中，count 计数器从 0 到 2 循环计数，计数模值为 3。在计数的每一次循环中，F 求反一次；F 每求反两次，得到一个时钟周期，因此 F 是 inclk 的六分频。如果要设计一个十分频的分频器，只要将 "if (count==2)" 改为 "if (count==4)" 即可；如果要设计分频系数更大的分频器，需要更大位数的计数变量 count，如 1000 分频，则需 10 位的计数变量 count，程序如下。

```
module fp(rst,inclk,F);
input rst,inclk;
output F;
reg F;
reg [9:0] count;//共十位

    always @(posedge inclk)
    begin
    if (!rst) begin F<=0; count<=0;end
        else begin
            if (count==499) //0 到 499 模值为 500，两次循环 F 得到 1000 分频
                begin F<=~F;count<=0;end
            else count<=count+1;
            end
        end
endmodule
```

六分频仿真波形如图 C-4 所示。

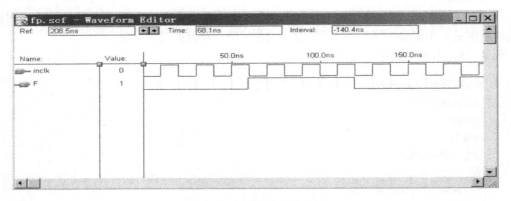

图 C-4　六分频仿真波形图

C.7 状态机的描述

1. 状态机的结构

硬件设计通常采用并行设计思想，虽然用 Verilog 描述的电路大都是并行实现的，但是对于实际的工程应用，往往需要让硬件来实现一些具有一定顺序的工作，这就要用到状态机思想。状态机通过不同的状态迁移来完成一些特定的顺序逻辑。硬件的并行性决定了用 Verilog 描述的硬件实现（例如不同的 always 语句）都是并行执行的，那么如果分多个时间完成一个任务，可以用多个使能信号来衔接多个不同的模块，但是这样做多少显得烦琐。状态机的提出会大大简化这一工作。

状态机的参数定义采用的都是独热码，和格雷码相比，虽然独热码多用了触发器，但所用的组合电路会少一些，因而使电路的速度和可靠性有显著提高，而总的单元数并无显著增加。采用独热编码后有了多余的状态，就有一些不可达到的状态。为此在 case 语句的最后需要增加 default 分支向。这可以用默认项表示该项，也可以用确定项表示，以确保回到初始状态。一般综合器都可以通过综合指令的控制来合理地处理默认项。

状态机一般有三种不同的写法，即一段式、两段式和三段式的状态机写法，它们在速度、面积、代码可维护性等各个方面互有优劣，需要根据具体情况而定。

2. 一段式状态机的结构

例 C-16：设计一个逻辑电路，其输入信号为时钟信号 clk、复位信号 reset、输入 y；输出信号为 z。输入信号与输出信号之间的逻辑关系用图 C-5 所示的状态机来描述。

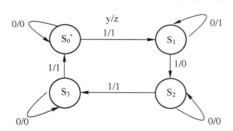

图 C-5　四种状态的状态转换图

它们的输出状态一共有 S0,S1,S2,S3 四种状态，其不同的输入信号决定不同的状态，不同的状态又决定不同的输出信号，对应的参考程序如下。

```
module state1(
    input clk,
    input reset,
    input y,
    output reg z
    );
parameter    S0 = 4'b00;
parameter    S1 = 4'b01;
parameter    S2 = 4'b10;
parameter    S3 = 4'b11;
reg [1:0]    state;
```

```
    always @(posedge clk or posedge rst) begin
        if (reset)    state <= S0
        else begin
            case(state)
            S0：begin
                z<=0;              //输出
                if (y==0)      state<= S1;//状态转移
                else state <= S0;//状态转移
                end
            S1：begin
                z<=0;              //输出
                if (y==0)      state<= S2;//状态转移
                else state <= S1;//状态转移
                end
            S2：begin
                z<=0;              //输出
                If (y==0) state<= S3;//状态转移
                else state <= S2;//状态转移
                end
            S3：begin
                z<=1;              //输出
                if (y==0)      state<= S0;//状态转移
                else state <= S3;//状态转移
                end
            endcase
            end
        end
    endmodule
```

仿真后的波形如图 C-6 所示。

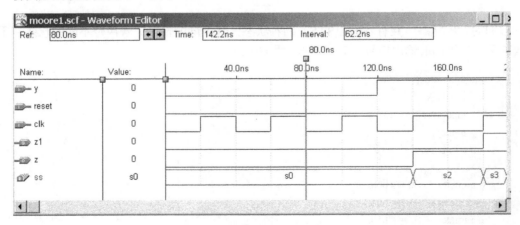

图 C-6　同步状态输出的状态机波形图

3．二段式状态机的结构

所谓的两段式状态机就是采用一个 always 语句来实现时序逻辑，另外一个 always 语句来实现组合逻辑，提高了代码的可读性，易于维护。不同于一段式状态机的是，它需要定义两个状态——现态和次态，然后通过现态和次态的转换来实现时序逻辑。二段式状态机描述方法同第一种描述方法相比，将同步时序和组合逻辑分别放到不同的 always 模块中实现，这样做的好处不仅仅是便于阅读、理解、维护，更重要的是利于综合器优化代码，利于用户添加合适的时序约束条件，利于布局布线器实现设计。

例 C-17：采用二段式状态机描述方法设计一个逻辑电路，其输入信号为：时钟信号 clk、复位信号 reset、输入 y；输出信号为 z。输入信号与输出信号之间的逻辑关系用例 C-16 所示的状态转换图来描述。

```verilog
module state2(
    input clk,
    input reset,
    input y,
    output reg z
    );
parameter    S0 = 4'b00;
parameter    S1 = 4'b01;
parameter    S2 = 4'b10;
parameter    S3 = 4'b11;
reg [1:0]    current_state;
reg [1:0]    next_state;

//时序逻辑，这段一般是不变的，描述从现态转移到次态
always @ (posedge clk   or posedge reset ) begin
    if (reset) current_state <= S0;
    else current_state<=next_state;
end

//组合逻辑，包括转移条件以及输出
always @ (current_state) begin
        S0：begin
            z<=0;            //输出
            if (y==0)    next_ state<= S1;//状态转移
            else next_state <= S0;//状态转移
            end
        S1：begin
            z<=0;            //输出
            if (y==0)    next_state<= S2;//状态转移
            else next_state <= S1;//状态转移
            end
        S2：begin
            z<=0;            //输出
            if (y==0)    next_state<= S3;//状态转移
```

```
                else next_state <= S2;//状态转移
                end
            S3：begin
                z<=1;                //输出
                if (y==0)    next_ state<= S0;//状态转移
                else next_state <= S3;//状态转移
                end
        endcase
        end
    end
endmodule
```

4．三段式状态机的结构

三段式状态机与两段式状态机的区别：两段式直接采用组合逻辑输出，而三段式则通过在组合逻辑后再增加一级寄存器来实现时序逻辑输出。这样做的好处是可以有效地滤去组合逻辑输出的毛刺，同时可以有效地进行时序计算与约束，另外对于总线形式的输出信号来说，容易使总线数据对齐，从而减小总线数据间的偏移，减小接收端数据采样出错的频率。

三段式状态机的基本格式是：第一个 always 语句实现同步状态跳转；第二个 always 语句实现组合逻辑；第三个 always 语句实现同步输出。

例 C-18：采用三段式状态机描述方法设计一个逻辑电路，其输入信号为时钟信号 clk、复位信号 reset、输入 y；输出信号为 z。输入信号与输出信号之间的逻辑关系用例 C-16 所示的状态转换图来描述。

```
module state3(
    input    clk,
    input    reset,
    input    y,
    output    reg    z
    );
parameter    S0 = 4'b00;
parameter    S1 = 4'b01;
parameter    S2 = 4'b10;
parameter    S3 = 4'b11;
reg [1:0]    current_state;
reg [1:0]    next_state;

//第一个 always 块，时序逻辑，描述现态转移到次态
always @ (posedge clk or negedge reset) begin
    if (reset) current_state<=S0;
    else current_state<=next_state;
end

//第二个 always 块，组合逻辑，描述状态转移的条件
always @(posedge clk or posedge rst) begin
    if (reset)    state <= S0
```

```
        else begin
            case(state)
            S0:  begin
                if(y==0)        state<= S1;//状态转移
                else state <= S0;//状态转移
                end
            S1:  begin
                if(y==0)        state<= S2;//状态转移
                else state <= S1;//状态转移
                end
            S2:  begin
                if(y==0)        state<= S3;//状态转移
                else state <= S2;//状态转移
                end
            S3:  begin
                if(y==0)        state<= S0;//状态转移
                else state <= S3;//状态转移
                end
            endcase
            end
        end
//第三个 always 块，时序逻辑，描述输出
always @ (posedge clk or negedge rst) begin
if (rst)
    z<=0;
else
    case(current_state)
    S3: z<=1;
    default:z<=0;
    endcase
end
endmodule
```

例 C-18 的三段式结构中，两个时序 always 块分别用来描述状态跳转和输出。组合 always 块用于描述状态转移条件。虽然使用的硬件资源较多，但输出采用寄存器结构，无毛刺，而且代码更清晰易读，对于复杂的状态机来说逻辑清晰，是一种比较流行的状态机结构。

另外，对于更为复杂的状态机模型，并不限于以上结构，状态可能直接对应多个电路，状态中包含子状态等，都会派生出更为复杂的写法。但一般来讲，小组合、大时序、状态跳转、状态转移条件判定，状态机输出分开描述，既可以做到逻辑清晰，也能控制电路的复杂度。

附录 D　数字电子技术实验平台

FB-EDU-DYD-A 型数字电子技术实验平台是中国矿业大学国家级电工电子教学实验中心

数字电子技术课程组在多年从事电子技术教学与科研的基础上，建立自主研发、富有特色的"虚实结合、互为补充"的数字电子技术实验教学平台。该平台硬件主要包括 AT89S52-CPLD 模块和数电实验箱，软件包括目前比较流行的 EDA 软件 Proteus 和 Quartus II。其结构简单、功能实用、造型美观、携带方便。该仪器设备自 2015 年一直用到现在，面向电类专业本科生开设量大面广的数字电子技术实验、数字逻辑与数字系统设计实验、单片机实验、电子技术综合设计、电子设计与创新、毕业设计等课程。

D.1 系统模块基本特征

配备：AT89S52-CPLD 模块配有 Intel 公司低电压 MAXII 系列 EPM240T100C5 和 Atmel 公司的单片机 AT89S52 芯片下载板，适用范围广泛。

资源：CPLD EPM240T100C5 具有 240 个逻辑单元、2.5～3.3V 器件，TQFP 封装，引脚数可达 100，能够满足数字系统设计入门学习。

Quartus II 软件的编辑输入方式有图形编辑、文本编辑、波形编辑、混合编辑等方式，硬件描述语言有 AHDL、VHDL、Verilog HDL 等语言。

单片机 AT89S52 和 CPLD EPM240T100C5 的 I/O 全部引出，满足入门级用户学习与使用。

D.2 实验箱主板功能

配有稳压电路、电感、二极管、晶体管、晶闸管、可调电位器等，能够完成基本电路设计需要。

16 位拨码开关输出，16 位拨码开关反向输出，逻辑电平输入及输出显示模块，4 个脉冲开关，数据开关和脉冲开关可配合使用，也可单独使用。

实验箱配有 12 个数码管，（包括 2 组 4 个动态扫描数码管、2 个静态扫描数码管、2 个 BCD 译码显示电路）。

配有扩展槽，由于实验箱上的所有资源（如数码管、数据开关、小键盘等）都可以借用，因此通过此扩展槽可以开发单片机及单片机接口实验。

配有通用小键盘，本实验箱提供 16 个微动开关（4×4），可以方便地进行人机交互。

配有脉冲信号源：40M 信号源模块，1Hz～10kHz 时钟源及分频电路、单脉冲模块等。

配有蜂鸣器电路、DS18b20 温度电路、逻辑笔模块等。

外围扩展口，本实验箱还预留一个 40PIN 的扩展槽，用以与外围电路进行连接。

按照典型实例优化布局，接插便利；电路原理清晰，IC 在面板正面便于维修更换。

分立器件焊接在反面，安全性和稳定性提高。字符丝印在面板正面，直观明了。

插孔采用焊接式，避免了传统螺丝松动掉落缺陷。导线采用灯笼式接头，接触更可靠，寿命更长。

备有功能扩展区，使得实验更加灵活多样，学生创造能力的锻炼大大增强。

丰富的辅助工具，如逻辑笔、函数信号源、直流信号源、时钟源及分频电路使用更加方便。

D.3 实验平台模块组成

数字电子技术实验平台模块组成如图 D-1 所示。

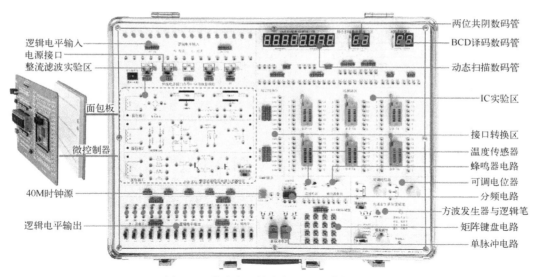

图 D-1　数字电子技术实验平台模块组成

D.4　主要模块原理图

（1）单片机最小系统原理图

AT89S52 单片机的所有 I/O 均通过排线引出，用户可以任意使用，原理图如图 D-2 所示。

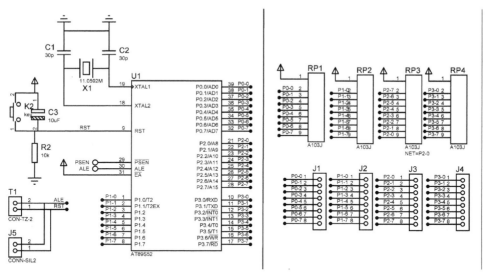

图 D-2　单片机最小系统原理图

（2）CPLD 原理图

CPLD 模块 EPM240T100C5N 的所有 I/O 均通过排线引出，用户可以任意使用，4 位 LED 指示灯可以用于用户实验，其原理图如图 D-3 所示。

（3）资源布局图

AT89C52-CPLD 模块资源布局图如图 D-4 所示，内置 ISP 下载器，方便用于 AT89S52 的程序下载。

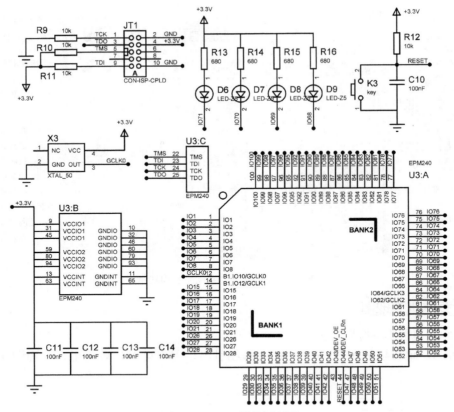

图 D-3　CPLD 模块原理图

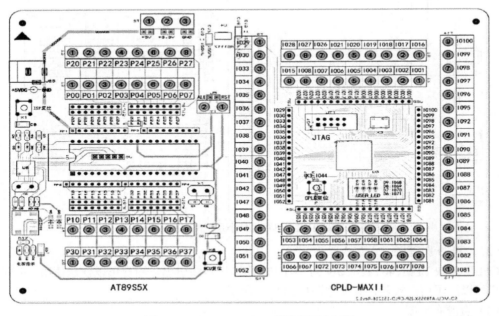

图 D-4　AT89C52-CPLD 模块资源布局图

（4）静态数码管显示电路

实验箱共有 2 位静态扫描方式数码管，其中 1 位的电路图如图 D-5 所示。从图中可以看出该数码管属于共阴数码管。每个数码管的字形码独立传送，改变字形码，即可改变数码管显示内容。

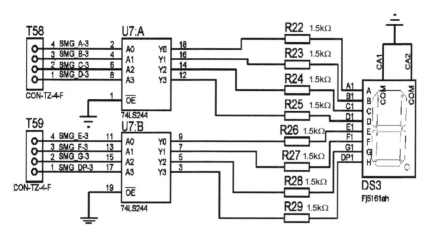

图 D-5　静态显示数码管显示电路

（5）动态数码管显示电路

实验箱共有两组动态扫描显示方式数码管，每组 4 个数码管显示，其中一组的电路图如图 D-6 所示。从图中可以看出该数码管属于共阴数码管。每个数码管的字形码数据输入端并联使用，字位码为 4 位，分别是 COM1～COM4，低电平有效，字位码高电平有效。只要设置好字位码的扫描时间，利用人的视觉暂留效应，人们能够看到数码管稳定显示的数字。

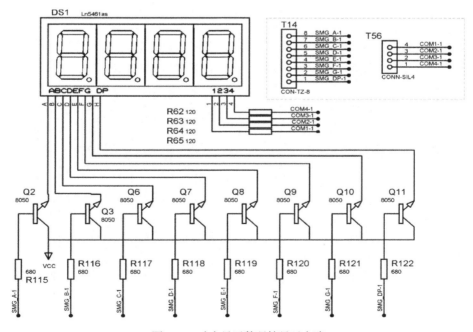

图 D-6　动态显示数码管显示电路

（6）逻辑电平输入电路和输出开关

实验箱共有 16 路逻辑电平输入电路，高电平点亮发光二极管 D1～D16，其中 D1～D8 电路如图 D-7 所示。逻辑电平输出开关 SW1～SW16，其中 SW1～SW7 电路如图 D-8 所示。

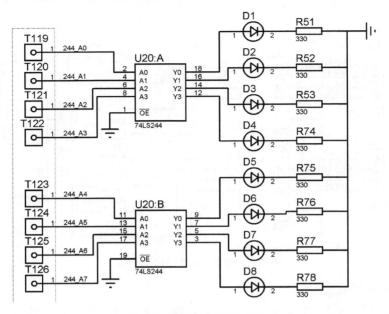

图 D-7　逻辑电平输入电路

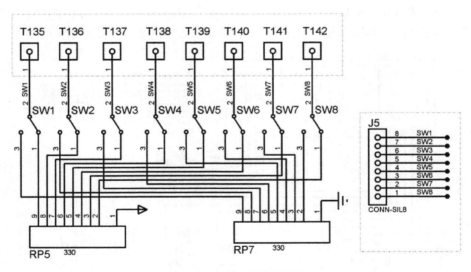

图 D-8　逻辑电平输出开关

D.5　数电常用模块使用时的引脚说明

（1）时钟源

时钟源与 CPLD 对应引脚的连接关系见表 D-1。

表 D-1　时钟源与 CPLD 对应引脚连接关系

P12 引脚	实验箱 （由波段开关和频率调节旋钮 2 来调节）	实验箱 （时钟源）
50MHz	10kHz～10Hz	40MHz

（2）静态数码管显示器

本实验箱有 12 个数码管（DS1 组～DS4 组），采用共阴极 7 段 LED 显示。其中 DS1 组～DS2 组采用动态扫描显示方式，DS3 组采用静态扫描显示方式，DS4 组采用 BCD 译码器输入方式。

1）实验箱主板提供了两位静态显示数码管，数码管为共阴数码管，其公共端已经内置低电平，其字形码输入端为低电平有效。SA3、SB3、SC3、SD3、SE3、SF3、SG3 分别为其中 1 个数码管的字形码输入端，分别对应于共阴数码管的七段输入端 a、b、c、d、e、f、g，SH3 对应于数码管的小数点 h。SA4、SB4、SC4、SD4、SE4、SF4、SG4 分别为另一个数码管的字形码输入端，分别对应于共阴数码管的七段输入端 a、b、c、d、e、f、g，SH4 对应于另一组数码管的小数点 h。数码管引脚与实验箱对应引脚的连接关系见表 D-2。

表 D-2　数码管引脚（a～h）与实验箱 DS1～DS4 组的对应引脚连接关系

数码管名	a	b	c	d	e	f	g	h
DS1 组	SA1	SB1	SC1	SD1	SE1	SF1	SG1	SH1
DS2 组	SA2	SB2	SC2	SD2	SE2	SF2	SG2	SH2
DS3 组	SA3	SB3	SC3	SD3	SE3	SF3	SG3	SH3
DS4 组	SA4	SB4	SC4	SD4	SE4	SF4	SG4	SH4

2）CPLD 芯片引脚分配，只要 CPLD 芯片的外部引脚没有被 CPLD 下载板占用，用户就可以使用。也就是说 CPLD 没有被占用的引脚全部向用户开放。SA3、SB3、SC3、SD3、SE3、SF3、SG3 的各段，可以选择连接 CPLD 下载板上的插线孔 IOP16、IOP17、IOP18、IOP19、IOP20、IOP21、IOP22，也就是数码管的字形码受 CPLD 的 P16、P17、P18、P19、P20、P21、P22 引脚控制。SH3 选择 IOP26，也就是小数点受 CPLD 的 P26 引脚控制。

实验时学生可以在下载板上的插线孔选择使用 CPLD 芯片的可用引脚进行下载验证。数码管 DS3 字形码输入端与 CPLD 的对应引脚关系见表 D-3。

表 D-3　数码管 DS3 字形码输入端与 CPLD 的对应引脚连接关系（非唯一）

数码管名	SA3	SB3	SC3	SD3	SE3	SF3	SG3	SH3
CPLD 引脚	IOP16	IOP17	IOP18	IOP19	IOP20	IOP21	IOP22	IOP23

（3）动态数码管显示器

1）数字电子技术实验平台中的实验箱主板提供了两组动态扫描显示接口。COM1、COM2、COM3、COM4 为两组动态显示数码管的公共端，数码管为共阴数码管，字位码低电平有效。SA1、SB1、SC1、SD1、SE1、SF1、SG1 分别为 4 个数码管的字形码输入端，分别对应于共阴数码管的七段输入端 a、b、c、d、e、f、g，SH1 对应于数码管的小数点 h。SA2、SB2、SC2、SD2、SE2、SF2、SG2 分别为另一组 4 个数码管的字形码输入端，分别对应于共阴数码管的七段输入端 a、b、c、d、e、f、g，SH2 对应于另一组数码管的小数点 h。

2）CPLD 芯片引脚的分配可以采用没有被 CPLD 下载板占用的 CPLD 芯片任意外部引脚，例如 COM1、COM2、COM3、COM4 为其中一组动态显示数码管的公共端，可以选择连接 CPLD 下载板上的插线孔 IOP01、IOP02、IOP03、IOP04，低电平点亮对应数码管，由 CPLD 控制其引脚实现各位分时选通，即动态扫描。SA1、SB1、SC1、SD1、SE1、SF1、SG1 分别为 4 个数码管的字形码输入端，分别对应于共阴数码管的七段输入端 a、b、c、d、e、f、g，SH1 对应于数码管的小数点 h，SA1、SB1、SC1、SD1、SE1、SF1、SG1 的各段，可以选择连接 CPLD 下载板上的插线孔 IOP16、IOP17、IOP18、IOP19、IOP20、IOP21、IOP22，也就是数码管的字形码受 CPLD 的 P16、P17、P18、P19、P20、P21、P22 引脚控制。SH1 选择 IOP26，也就是小数点受 CPLD 的 P26 引脚控制。

附录 E　部分常用数字集成电路及其引脚分布图

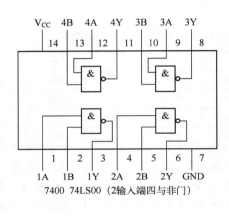

7400 74LS00（2输入端四与非门）

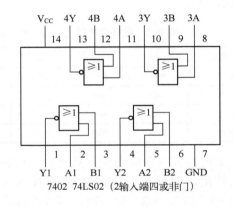

7402 74LS02（2输入端四或非门）

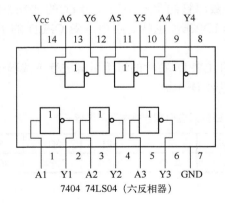

7404 74LS04（六反相器）

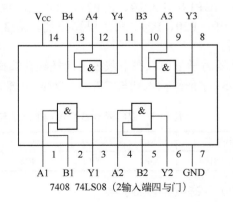

7408 74LS08（2输入端四与门）

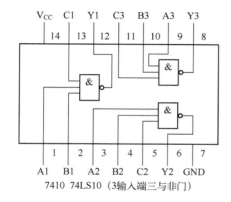

7410 74LS10（3输入端三与非门）

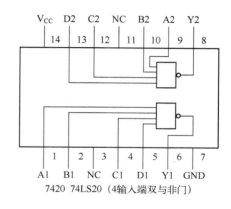

7420 74LS20（4输入端双与非门）

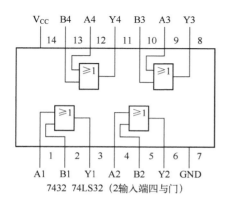

7432 74LS32（2输入端四与门）

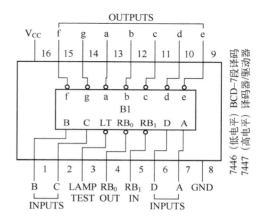

7446（低电平）BCD-7段译码 7447（高电平）译码器/驱动器

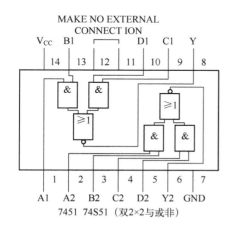

7451 74S51（双2×2与或非）

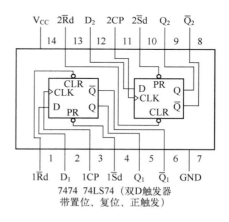

7474 74LS74（双D触发器
带置位、复位、正触发）

173

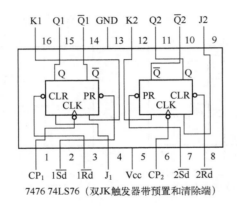

7476 74LS76（双JK触发器带预置和清除端）

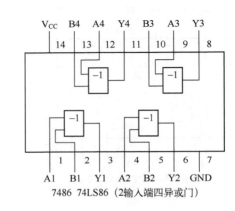

7486 74LS86（2输入端四异或门）

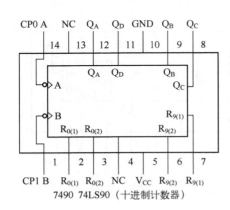

7490 74LS90（十进制计数器）

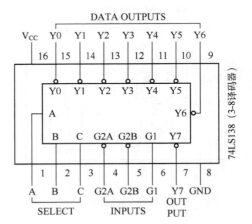

74LS138（3-8译码器）

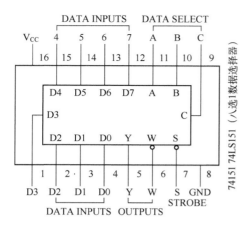

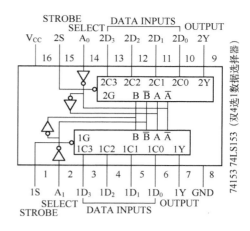

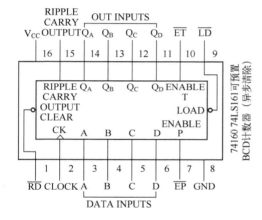

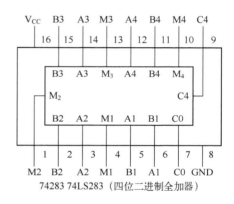

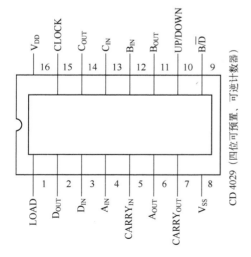

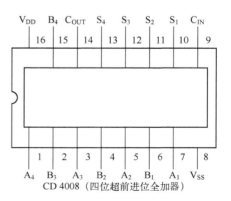

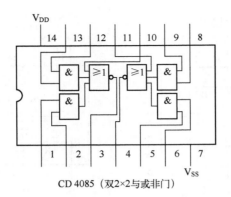

CD 4085（双2×2与或非门）